汪前进——

著

中国历代科技史

明代科技史

「彩图版」

U0202334

 上海科学技术文献出版社
Shanghai Scientific and Technological Literature Press

图书在版编目（CIP）数据

明代科技史 / 汪前进著 . 一上海：上海科学技术文献出版社 ,2022

（插图本中国历代科技史 / 殷玮璋主编）

ISBN 978-7-5439-8533-9

Ⅰ . ①明… Ⅱ . ①汪… Ⅲ . ①科学技术—技术史—中国—明代—普及读物 Ⅳ . ① N092-49

中国版本图书馆 CIP 数据核字 (2022) 第 037061 号

策划编辑：张　树
责任编辑：王　珺
封面设计：留白文化

明代科技史

MINGDAI KEJISHI

汪前进　著

出版发行：上海科学技术文献出版社
地　　址：上海市长乐路 746 号
邮政编码：200040
经　　销：全国新华书店
印　　刷：商务印书馆上海印刷有限公司
开　　本：650mm×900mm　1/16
印　　张：17.75
字　　数：220 000
版　　次：2022 年 8 月第 1 版　2022 年 8 月第 1 次印刷
书　　号：ISBN 978-7-5439-8533-9
定　　价：108.00 元
http://www.sstlp.com

目录
contents

一　001-003

明代科技概述

二　004-017

数　学

六 069-098

地 学

七 099-119

生物学

八 120-135

农业科技

九 136-164

医药学

明代科技概述

公元 1368 年，朱元璋推翻了蒙古贵族的统治，建立起汉族封建统治的明王朝。

朱元璋一面实行集权统治，一面又针对当时的社会实际情况和自己统治的需要，制定了一系列发展生产和经济的政策。

一、垦荒。朱元璋否定一

朱元璋

朱元璋是明朝开国皇帝，他在位期间，社会生产逐渐恢复和发展，史称"洪武之治"。

部分旧贵族和旧地主的地权，规定垦荒得地，即许以为永业。同时，在新的垦荒过程中，进一步限制土地兼并。

二、水利建设。朱元璋在建业初期便十分重视农田水利，在中央专设有营田司，主管全国的屯田水利事宜。明朝建立后，为全面发展水利事业，屡下明诏，规定各地官吏，凡遇百姓提出水利建设的建议，都必须及时报告。据洪武二十八年（1395）的统计，当时全国府县共开塘堰40987处，河4162条，陂渠堤岸5048处。

三、培植和发展农村林副业及经济作物。早在建国前两年，朱元璋即下令，凡农民有田5亩（1亩等于0.067公顷）至10亩者，必须栽种桑、麻、木棉各半亩，10亩以上的按比例加倍，不种桑者，罚绢一匹，不种棉麻者罚棉麻各一匹。洪武元年（1368）又将此法推广到全国。

木棉

木棉主要分布在海南、台湾、广西、云南和四川南部等地，不仅可以用于观赏，还有药用价值，其树皮为滋补药，可用于治痢疾。

四、鼓励商品的交换与流通。朱元璋规定除茶盐和某些军用物资统由官府控制贸易外，其余物品均允许各民族间互通有无。

五、发展工商业。改变元朝手工业奴隶的身份，使世袭的手工业者除定期轮流应役外，大部分可以自己制造手工业产品在市场出售。这些政策在农业、手工业、交通运输和商业贸易等方面都取得了显著的成效。

由于商品经济的发展，明代中叶在一些区域和一些部门明显地出现了资本主义生产方式的萌芽，如东南沿海一带的主要手工业部门——纺织、冶铁、造船、造纸、制瓷等。

由于上述原因，中国传统的手工业制造技术在明代有了较大的发展。明成祖至宣宗年间郑和七下西洋，其船舶制造、航海技术在世界上是首屈一指的。在冶金、纺织、制瓷、园林建筑等方面，我国当时在世界上也保持着领先的地位。

明朝末年，西方耶稣会士为传教需要来到中国，他们用西方科学技术作为敲门砖来打开在中国传教的大门。虽然其教义未在中国普遍传播，但他们所带来的科技却给中国科技和思想文化界注入了新的活力。

二、数学

（一）数学发展的阶段特征

数学史家杜石然先生按年代先后为序将明代数学大致分为三个阶段，每一阶段大约 100 年。

1. 第一阶段

入明之后，由明朝政府主持的最重要的学术工作，当推《永乐大典》的编辑。此书完全是根据永乐皇帝的意愿编辑的。永乐六年（1408）书成，共 22937 卷，11095 册。全书均系手抄本，无刊本。后世流传者仅有嘉靖年间另抄的一个副本。

《永乐大典》自明万历年间即开始残缺，但清修《四库全书》时，戴震等人仍从中辑出古算经若干种，可见《永乐大典》于清初时大部尚在，可惜 1900 年庚子之役，大部散佚。20 世纪 60 年代初，中华书局从世界各地搜集到残本约 800 卷，影印刊行。

《永乐大典》中有关的数学条目，大都集中于"事韵""算"字之下，原有 36 卷，现被影印者为仅存的 16343—16344 卷（现藏英国剑桥大学图书馆）。据各方资料分析，"算"字条下各册，内容系采自以下各书：属于汉唐"十部算书"者有《周髀算经》《九章算术》《孙子算经》《海岛算经》《五曹算经》《夏侯阳算经》《五经算术》七种；属于宋元算书者有《数书九章》《益古演段》《详解〈九章〉算法》《日用算法》《乘除通变本末》《田亩比类乘除捷法》《续古摘奇算法》《透帘细草》《丁巨算法》《革象新书》《锦囊启蒙》《算法全能集》《详明算法》等；属于明初算书者仅有一种，即《通原算法》，但其内容十分浅显。

《永乐大典》所收算书情况表明，在明朝初年，古代的《算经十书》和宋元时代的各种算书，还不能说已经失传。但是《永乐大典》只有抄本而无刻本，其编纂本意是供皇帝御览而不是用于流传。因此《永乐大典》虽然收入了许多算书，但并不能说明这些算书在明初都是一般人可以读得到的。当时，要想读到这些算书似乎非常困难。

以《九章算术》为例，大约到了明王朝建立后的百年左右，就已经很难见到了。吴敬寻访多年之后才获得一部《九章算术》的手抄本。至于宋元算书，除杨辉所著各种实用算术书籍仍然流行于世外，其余的宋元诸大家，如秦九韶、李冶、朱世杰等人的著作，则很少见有问津者。程大位在其所著《算法统宗》一书附录有"算学源流"，给出了历代算书名单，其中关于宋元算书，秦九韶和朱世杰的著作均未列入。

以上情况说明，自明初到 15 世纪中叶期间，中国古代汉唐《算经十书》和宋元算书大都处于衰废状态。

2. 第二阶段

到了 15 世纪中叶，恰好是在景泰元年（1450），吴敬出版了他自己编著的《九章算法比类大全》（简称《大全》），它是仅存的最早的刻本算书。全书卷首是"乘除开方起例"，之后按《九章算术》的体例并以其中的章名命名各章，全书所收问题分"古问"（即采用《九章算数》等书中原有的问题）、"比类"、"诗词"（诗词体例的数学问题）等。值得指出的是，从体例和全书的整体思想上讲，《大全》仍然继承了以《九章算数》为代表的中国古代数学的传统，即以政府管理上所需要的实用数学为主要内容。关于宋元时代的成就，如天元术、四元术、内插法、级数求和等内容，《大全》均未涉及。而关于开方、开立方、开高次方，吴敬所用的只是利用"开方作法本源"的"立成释锁法"而不用比较先进的"增乘开方法"。书中有很多民间商业数学方面的内容，杨辉算书和朱世杰《算学启蒙》等算书所开创的方向，在吴敬书中得到了继承和发展。这对程大位所著《算法统宗》以及明中叶以后的数学著作，产生了重大的影响。

除上述吴敬所著《九章算法比类大全》之外，还出现下述一些算书。

现仅有抄本传世的《通证古今算学宝鉴》（王文素，自序于1524年）。有刻本传世的《勾股算术》（1533）、《测圆海镜分类释术》（1550）、《弧矢算术》（1552）、《测圆算术》（1553），以上均为顾应祥所著。《勾股六论》，是与顾应祥同时代的唐顺之所著。有抄本传世的《神道大编历宗算会》（1558），为周述学所著。

上述所列顾应祥所著各书涉及宋元算书内容较多。据顾应祥《勾股算术》序中的自述，他"自幼性好数学，然无师传……又得《周髀》及《四元玉鉴》"，在《测圆海镜分类释术》序中说"晚得荆川唐太守（即唐顺之）所录《测圆海镜》一书"等，可知像顾、唐这样的高级官吏曾经搜求并研究过宋元算书。可惜的是顾、唐等人对宋元数学中的成就，如天元术几乎完全不理解。由于他们自己没有学通，就把天元术有关的内容删去了。宋元数学成就至此已不绝者仅如一线，几乎就成为绝学了。

3. 第三阶段

珠算盘
珠算被誉为中国的第五大发明，2013 年被列入人类非物质文化遗产名录，这也是我国第 30 项被列为非遗的项目。

在此后直至明亡的不到一百年的时间里（即从 16 世纪中叶至 1644 年），在数学史上发生了必须提到的两件事。其一是珠算盘被广泛应用，另一就是西方数学开始传入我国。

珠算盘产生于元末，在朱世杰《算学启蒙》（1303）中可以看到当时已经完成了乘除法的口诀化。入明以后，在吴敬《九章算法比类大全》和王文素《通证古今算学宝鉴》二书中，虽然没有出现关于珠算盘的明确记载，但都记述了一些似乎只能是在珠算运算中才可能出现的算法。在流传至今的算书中，最早记述了珠算并附有算盘插图的刊本算书是徐心鲁的《盘珠算法》（1573）。此外还有柯尚迁的《数学通轨》（1578）、朱载堉的《算学新说》（1584）、黄龙吟的《盘法指南》（1604）等。

在许多关于珠算术的算书中，程大位所著的《算法统宗》（1592）是最重要的。许多珠算书籍的出现，特别是《算法统宗》受到的欢迎，标志着到明末珠算已广泛流行，中国古代的筹算终于被珠算所代替。珠算盘这种便于使用、便于携带，其算法程序化和口诀化了的简便计算工具，直至今日，依然被我国人民广泛应用着。由于珠算术的发展，筹算和建立在筹

程大位

程大位，字汝思，号宾渠，中国明代珠算家。他专心研究，参考各家学说并加上自己的见解，60岁时完成《算法统宗》。

算基础上的天元术、四元术、高次方程和方程组的数值解法等宋元数学的诸多成就便进一步被人们遗忘和衰废了。在程大位的《算法统宗》中虽然也引用了"开方作法本源"，但程大位却注明"此图虽吴氏《九章算法比类大全》内有，自平方至五乘方，却不云如何作用，注释不明"，可见程大位生活的年代吴敬书中载录的"立成释锁法"也已经不通用了。

珠算术流行的同时，在明末，伴随着西方传教士来华的早期活动，西方的数学知识也开始传入我国。最早传入的数学知识，大都集中在徐光启等人所编的《崇祯历书》和李之藻所编的《天学初函》之中。详细情况见本书有关中外交流章节。

（二）《一鸿算法》

1. 作者及成书年代

《一鸿算法》，四卷，余楷撰，1585年刊印完成。长期以来，人们都以为该书早已失传。李迪先生发现明代原刊本并进行了研究。该书是一部珠算书，有大量诗歌和口诀，还有形式不同于程大位《算法统宗》所载的"丈量步车"和"制车"等新内容。

2. 主要内容及其贡献

全书主要由歌诀与算题构成，歌诀有"歌""诀"和"法"三种形式，共36首，多数都无韵。卷一有算题49道，卷二有23道，卷三有36道，共108道，卷四因体例不同无算题。所有算题除两道外均以"今有"开头，每题都有"答"和"法"。一般是先歌后题，有些地方有解释和说明，这是明代数学著作一种较普遍的风格。

全书内容浅显，系一种普及性读物。该书的发现给明代数学史研究提供了新的资料。

《一鸿算法》卷二"度之章"主要讲述余楷本人参加田亩丈量和各种形状田亩面积计算问题。开头是一首"丈量田地歌"，接下去有一长段小注性文字，就是记述他受命进行丈量一事。

特别重要的是，余楷在书中记录了两种当时使用的丈量工具——制绳和制车。制绳也称丈绳，每一丈做一记号。"制车"与《算法统宗》所记之"丈量步车"制法虽不同，但原理完全一样，都是卷尺。"丈量步车"用篾做绳，而制车则用麻绳。制绳可以独立使用，而主要是用在制车上。

其制车方法是：用围长1尺、干长4尺的竹子，上半段留下1.5尺左右，中间从两面锯下，使成通槽形，即所谓"灯笼架样"。再从未锯下的两侧面中间穿上一根带摇柄的铁轴。把长1.5尺的6片竹篾穿于通槽内铁轴上，"为纺车形"。皮绳绕于其上，起"收放皮绳"的作用。在将竹子锯成通槽形时于前面留一齿，高、宽各1.5寸，中凿一方孔，安装一管状滑溜，使皮绳从中顺利通过。在滑溜的下方，把竹筒削成像手掌那样宽的柄，以便插于地上。

显然，余楷的制车比较原始，不如《算法统宗》内之丈量步车成熟。在前后相差六七年的两部书里记有不全相同的丈量工具，这一事实清楚地说明：万历初年为适应全国田亩丈量的需要，数学家们都在研究既省工又能提高工作效率的丈量工具。

（三）《算法统宗》

1. 概述

《算法统宗》

《算法统宗》是一部应用数学书。在中国古代数学的发展过程中，《算法统宗》是一部十分重要的著作。

全称《新编直指算法统宗》，17卷，1592年刊行，程大位著。它流传广泛，对明末以至清代民间数学知识的普及与中国古算知识的继承均有不容忽视的作用。

该书系"参会诸家之法，附以一得之愚，纂集成编"。以整体而言，卷三至卷十二即方田至勾股诸卷为主体，以示统宗于《九章算术》，冠以算学常识与珠算知识，附以难题杂法等项。尽管某些内容不无重复，仍不失条理清楚。

2. 学术价值

据李兆华先生研究，该书中的新意，有下列各点：

丈量步车卷三载有"新制丈量步车图"，图后有说，图文结合说明其构造及尺寸。所谓丈量步车类似今之皮卷尺，是一种量田工具。其主要零件包括一个木框架、一个木转轮、一条竹篾以及提把儿、摇把儿、钻脚。竹篾易于舒卷，摇把儿与木转轮为固定连接，转动摇把儿即可将竹篾缠绕于木转轮外周。木框架与木转轮由摇把儿连接，兼有束服竹篾的作用。竹篾上依步分厘制刻划长度单位："篾上逐寸写字。每寸为二厘，二寸为四，三寸为六,四寸为八，不必厘字。五寸为一分，自一分至九分俱用分字。五尺为一步，依次而增至三十步以上或四十步以下可止。"因五尺为一步，故五寸为一分，半寸为一厘或即一寸为二厘。如以此步车量得方田边长为若干步分厘，自乘，以亩法二百四十步除之，则迳得方田积为若干亩分厘。古代量田常用弓，每弓五尺。其形制见诸《算法全能集》卷上。步车较之弓，方便而准确，这是进了一步。

截两成斤歌卷四衡法节的截两成斤歌给出斤下带两诸数相加的简便方法。歌由"一退十五，二退十四"至"十五退一"共十五句口诀组成。程氏说："观算盘梁子上二子为十，梁之下五子，共有十五两。论一斤该数十六两，欠一两。故曰一退十五以成一斤。"据该书说，当时斤下带两之诸数相加，法各不一，或者用斤两口诀将诸零两数化为十进小数相加，或者于斤数下隔位置零两数相加而后除以十六。此二法皆不如程氏此法迳得相加结果若干斤若干两。从进位制角度言之，程法同时进行两种进位制加法——斤以上逢十进一，零两数逢十六进一。

珠算归除开立方法此法见于卷六。珠算归除开方（包括平方、立方）是相对于较早出现的珠算商除开方而言，皆属于《九章算术》开方系统而非增乘开方系统。至于《算学新说》（1584）所载开立方法乃是一种简化的珠算商除开立方法而不是珠算归除开立方法。此外，《算法统宗》卷六还介绍了珠算归除开平方法，并在卷一"开平方法"一节说明"今新增归除开方而法之便矣"。然而，珠算归除开平方法已见于《算学新说》，故事实上已不属新增。

珠算开带从诸乘方卷六"带从开平方法"一节所述带从开平方，减积开平方，"长阔相和歌"一节减从开平方，"开带从立方"节带从开立方，开三乘方；卷七"环田截积歌"一节所述带从开三乘方，皆属珠算开诸乘方及带从诸乘方最早的记载，为研究筹算开方法到珠算开方法的演变提供了原始资料。

（四）《算法纂要》

1. 撰者目的

程大位在出版了《算法统宗》（以下简称《统宗》）后六年，又编辑《算法纂要》（以下简称《纂要》）（1598）一书刊行。程大位编辑此书的目的有下面三个方面：

一是为了便于初学者。程大位刊行《统宗》后，感到其内容庞杂，卷帙浩繁，初学者尚不便使用，故将《统宗》删其繁芜，揭其要领，编成此书。《纂要》全书共64个条目，其中取自《统宗》的有56条。

二是为使珠算广为应用。《统宗》包括了当时的各种数学知识，珠算只是作为计算工具来介绍的。全书共17卷，介绍珠算的只有两卷，仅占一小部分。但是，当时广大群众，特别是商业人员，并不一定要求掌握高深的数学知识，比如方程、勾股之类，而最需要的是将珠算学到手，以便日常应用。所以编辑一部以珠算为主，附以应用数学知识，简明扼要的算法书是非常需要的。程大位编辑《纂要》的目的就是为满足这方面的需要。《纂要》共四卷，论珠算的就有两卷多。特别是从第四卷的内容分析，可以看出程大位有意突出了珠算。

三是为了抵制坊间刻本错误的不良影响。程大位在《算法纂要·识语》中说："万历壬辰，余编算法统宗四本……明年癸巳，书坊射利，将版翻刻。图象字义均讹，致误后学。"程大位看到这种"致误后学"的情况，甚为愤慨，一方面声明"买者须从本铺原版，方不差谬"，以免上当外，另一方面便采取积极措施，就是编辑是书出版，以抵制坊间刻本的不良影响。

2. 基本特点和作用

李培业先生认为，《纂要》除采自《统宗》者外，也增加了少量内容。一种是新增条目，如"数名释义"；一种是增加一些例题，如"异乘同除"条增加两题，乘法题内增加了"五个山头五只虎"的趣味题，"物不知总"中增加两题，"一掌金"中增加一题。

从全书选材看，《统宗》共有条目 290 个（包括 108 个难题），《纂要》取录 59 条，只占全书的 20% 多。其中总论部分（基本算法）原书 57 条，选取 38 条；方田章原书 12 条，选取 10 条，这两部分所选最多。其余粟米章选 3 条，衰分章选 2 条，商功章选 3 条，少广章选 1 条，都是极少数。盈朒、方程、勾股各章，未选一题。从这里可以看出《纂要》是偏重于基本算法介绍及为解决日常计算问题而编写的。

程大位在编《纂要》时，并非只做《统宗》的摘编工作，而是以《详明算法》为蓝本进行选材，是继承了《详明算法》这一类型算书的优良风格的。宋杨辉《日用算法》、贾亨《算法全能集》、何平子《详明算法》的题目称"日用型"，《纂要》即属于"日用型"。

"日用型"算书除基本算法外，大多包括以下项目：异乘同除、就物抽分、差分、贵贱差分、斤秤问题、堆垛、盘量仓库、丈量田亩和土方计算。

"日用型"算书在民间普及珠算及初等数学知识方面，起到了重要的作用。由于它的内容少、适用性强，以讲述珠算为主，因而易于为广大群众接受，便于在民间广为流传。所以，这种类型的算书，实际上成为明、清时代民众的数学启蒙读物。《纂要》虽因某种原因流传不广，但它的编辑目的及内容，仍然被继承了下来，其他多种同类著作的出版，发展了这一编排体系。

（五）珠算的发展与普及

1. 珠算的起源和发展

元代民间已流行珠算，但士大夫们还沿用传统的筹算。元代的算书，都用筹算，即其证明。到了明代，珠算和筹算的地位逐渐发生了变化，应用珠算的人越来越多，筹算所占领域逐渐缩小，最后终于让位于珠算。这一过程是逐步演变的。如明代初期刊印的儿童读物《魁本对相四言杂字》，既绘算盘，又绘算筹。明代中期的算书，如吴敬的《九章详注比类算法大全》和王文素的《通证古今算学宝鉴》中加减乘除用珠算，开平方、立方用筹算。明代晚期的读物如《金瓶梅》和《警世通言》等，则只提珠算，不言筹算了。明代后期的书如《盘珠算法》《数学通轨》《算法统宗》《算法纂要》《算学新说》等，已完全采用珠算。这时期的珠算，显然已取代筹算了。

《魁本对相四言杂字》和《新编对相四言》是看图识字的儿童读物，四字一句，图文对照。书中刊有算盘图，此书是至今发现绘有算盘图的最早的图书。书中把算盘同骰子并列，这说明算盘在明初是民间通行的算具，而不是陌生的新事物。书中既绘有算盘，又绘有算筹，这说明算筹在明初社会上还存在，算盘和算筹两者还同时并存。

《金瓶梅》卷首有明嘉靖三十七年（1558）观海道人序，据此推定是嘉靖年间编成。这部小说的第八十二回"汤来保欺主肆风狂"中有"匹手夺过算盘"一语。《警世通言》卷二十二中有"宋金写算精通……唤他去掌算盘"数语。《黄山迷夹竹桃》一书中有"这一遍算盘，真为小阿姐打不转来"数语。明刊本《金瓶梅》的"西门庆官作生涯"一回所插绸缎店图，柜上有算盘一具；明刊本《占花魁》的"秃涎"一回所插小酒店图，柜上也有算盘一具。这说明明代各种店铺广泛使用算盘。

传本《鲁班木经》卷二著录算盘的规格是"一尺二寸长，四寸二分大。框六分厚，九分大，起碗底。线上二子，一寸一分；线下五子，三寸一分。长短大小，看子而做"。传本《鲁班木经》大约永乐十九年（1421）以后刊行。

《鲁班木经》所述算盘规格"线上二子，一寸一分；线下五子，三寸一分"，恰等于"四寸二分大"，显然没有横梁，如果有梁，则宽度不止四寸二分。又因为有"线上、线下"的说法，因此算史研究者对《鲁班木经》的算盘是否有横梁，有种种推测。

2. 重要珠算著作及作者

历代珠算家的身世和事略，史书《艺文志》和《畴人传》中大都记载不详或者残缺。现依据有关资料，将明代珠算家的身世和事略及其著作，简要介绍如下。

吴敬，《九章详注比类算法大全》首卷目录和乘除开方起例，一卷方田，二卷粟米，三卷衰分，四卷少广，五卷商功，六卷均输，七卷盈朒，八卷方程，九卷勾股，十卷开方。一卷至十卷，每卷首述"古问"，次"比类"（类推应用题），再次"诗词"。

《九章详注比类算法大全》首次著录珠算加减的上法、退法口诀，称为"起五诀""成十诀""破五诀""破十诀"。

王文素，字尚彬，明成化年间山西汾州人，生卒年月不详。成化年间自山西文林跟随父亲经商于真定的饶阳，就在那里定居。王文素喜欢研究算学，收集了宋代杨辉，明代杜文高、夏源泽、金来朋等诸家的算书，加以研究。他花了30年时间，于明嘉靖三年（1524）编成《通证古今算学宝鉴》41卷，时年已六十。由于无力刻印，因此400多年来各收藏家和公私书目，都没有著录。1935年左右北平图书馆于旧书店发现此书手抄本，才以善本珍藏，至今为海内孤本。《通证古今算学宝鉴》41卷（自序作42卷），原分12本（今订成六册），内容以传统的九章为范围，但推演广泛，项目较多。

此书卷一也同吴敬《九章详注比类算法大全》一样，著录珠算加减法的"起五诀""成十诀""破五诀""破十诀"，虽然没有明言珠算，但乘除用"盘中定位数"（卷一），"众九相乘"条（卷五）明白指出计算工具是算盘。

徐心鲁，籍贯和生卒年月不详。据《盘珠算法》书前题"徐氏心鲁订正"，知徐心鲁在"闽建书林"订正《盘珠算法》。此书没有序、跋，成书的经过不详。《盘珠算法》在中国已失传，日本内阁文库藏有一部。此书是刊有算盘图、并以盘式对照口诀说明算法的最早的珠算书。算盘梁上一珠，梁下五珠。

柯尚迁，福建长乐下屿人，生卒年月不详。明嘉靖二十八年（1549）贡生，任京师（今河北省）的邢台县丞，曾撰著《数学通轨》。《数学通轨》的成书早于程大位著的《算法统宗》。此书卷首的"初定算盘图式"是十三档梁上二珠、梁下五珠的算盘。按照柯尚迁此书的序文，知此书由三部分组成。其一是"学算须知"，包括数原、上法、退法、九九歌诀，九归总歌。其二是"归除诠要"，包括因、乘、归除、金蝉除、九归、定身除、归除法、乘法等。其三是"九章释例"，将方田、粟米、差分、少广、商功、均输、盈朒、方程、勾股各举例说明解法。其中"学算须知"中有"习数法语"十条，与《通证古今算学宝鉴》中的"学算总诀"完全相同。《数学通轨》中的"九归歌诀""撞归诀"同吴敬、王文素算书的两种归法歌诀相同，只是吴、王二氏算书中对归除的有归无除，仅提处理方法，还没有"起一还原"口诀。《数学通轨》已提出"起一还原"口诀，称为"还原法语"，同程大位《算法统宗》所载一致。

徐心鲁订正的《盘珠算法》在万历元年（1573）刊印，柯尚迁《数学通轨》成书仅后五年。两人一是福建人，一在福建作书，所采用"上法退法口诀""留头乘口诀""九归诀""归除法诀"，都是一致的，大约是万历年间福建流行的口诀。《数学通轨》的水平高于《盘珠算法》。

由于《数学通轨》一书明清两代没有在社会上流传，因而在珠算界没有发挥应有的作用。但在日本的情况就不同。此书在日本流传很广，如高桥织之助的《算话拾择集》就引用《数学通轨》的序文。

程大位，在万历二十六年又编印《算法纂要》一书。

朱载堉，于万历十二年撰成《算学新说》，万历三十一年才刻完。此书介绍归除开平方、开立方方法，用八十一档大算盘，以求十二律。主要是为律吕服务的算书；所求平方根、立方根多至二十四五位。

黄龙吟，名嘘云（字龙吟），四川新都县（今四川新都区）人。著《新镌易明捷径算法指南》，此书明万历三十二年刊行。《新镌易明捷径算法指南》是珠算书，书中所刊算盘图是梁上一珠，梁下五珠，与《盘珠算法》的算盘图相同。但此书说明，算盘每行七珠，上梁二珠，下梁五珠，可见梁上少刻一珠。所录"九归总念"、"乘法歌诀"（留头乘）、"归除歌"（包括撞归起）同现在通行的歌诀一致，只是"隔位乘法"（指相乘二数的次位为零的乘算，如 $508×203$，$306×105$ 等题）与传统的"隔位乘"性质不同。此书把除数次位为零的除法（如 $6.426÷102$ 和 $34.17÷705$），称为"隔位归除法"，通行的珠算书中没有这个名称。书中著录的"金蝉蜕壳法"，只用一进一除，每次得商为 1，与徐心鲁订正的《盘珠算法》的"二字算"类似，是"金蝉蜕壳法"中的原始方法。

三

物理学

（一）电、磁学知识

1. 电的知识

大气总是带电的。在一般情况下，大气电场比较微弱，不足以引起放电发光。而在雷雨天，大气电场相当强，当局部场强达到空气击穿电位差时，就会放电发光。闪电就是这样形成的，它发生在云内、云际、云空和云地之间。

据戴念祖先生研究，在明代有关雷电的记载中，不仅有一般的线状闪电，而且还有比较罕见的联珠状闪电和球状闪电。明代张居正（1528—1582）曾记载过这种现象："嘉靖丙寅（1566）年四月□日，天微雨，忽有流火如球，其色绿，后有小火点随之，从雨中冉冉腾过予宅，坠于厨房水缸之中，其光如月，厨中人惊视之，遂不见。"（《张文

闪电

闪电的极度高热会使沿途空气剧烈膨胀。空气迅速移动，故
形成波浪并发出雷声。

忠公全集·文集第十一》）
这种现象的确使人惊奇。
其实，它就是同时出现
的球状闪电和联珠状闪
电。张居正记下了火球的
颜色、大小、形状、出
现的时间和定性的漂移
速度，观察和记录都很
细致。

在古代关于雷电成因
的各种解释中，以明代刘
基（1311—1375）的解释
较好。他说："雷者，天气之郁而激而发也。阳气困于阴，必迫，迫极
而进，进而声为雷，光为电，犹火之出炮也；而物之当之者，柔必穿，
刚必碎，非天之主以此物激人，而人之死者适逢之也。"（《诚意伯文
集》卷四）这种坚持科学反对迷信的解释可以看作近代大气电学诞生的
先声。

古代中国人关于摩擦起电现象
的发现就像磁学一样多。

琥珀是一种透明的树脂化石，
属非晶态物质。玳瑁是一种类似龟
一样的海生爬行动物，其甲壳也叫
玳瑁。在我国古代，关于琥珀和玳
瑁的名称并不统一。琥珀，又写为
虎魄、虎珀。玳瑁也写为瑇瑁。关

琥珀

琥珀是树脂滴落后被掩埋在地下千万年，在压
力和热力的作用下石化所形成的，故琥珀又被
称为"松脂化石"。

于琥珀和玳瑁的静电现象有许多记载。明代李时珍（1518—1593）认为："琥珀拾芥，如草芥，即禾草也。雷氏言拾芥子，误矣。"（《本草纲目》卷三十七）芥子比草芥之类稍重，只要静电力足够大，也会被琥珀拾起。因此，雷教之言并不误。应当指出，雷教用布摩擦琥珀比前人用手摩擦前进了一大步。肯定是以布摩擦琥珀的静电力要大于以手摩擦琥珀的静电力，因此，雷教发现了琥珀能吸引比草芥重的芥子的现象。

除了毛皮、丝绸和琥珀、玳瑁摩擦起电以外，我国古代还有许多关于毛皮和其他物质产生静电现象的记述。这些现象之所以被发现，是由于静电火花引起了人们的注意。

明代的张居正详细地记述了一种静电现象："凡貂裘及绮丽之服皆有光。余每于冬月盛寒时，衣上常有火光，振之迸炸有声，如花火之状。人以为皮裘丽服温暖，外为寒气所逼，故搏击而有光。理或当尔。"（《张文忠公全集·文集第十一》）这显然是毛皮或丝绸类的摩擦起电现象。几乎和张居正同时的都邛又描述了丝绸的摩擦起电现象："吴绫出火。吴绫为裳，暗室中力持曳，以手摩之良久，火星直出。"（《三馀赘笔》）

2. 航海罗经的创造

我国古代用于航海的罗经，在分度上，传统的航海罗经从南宋至今只是以二十四分向为主；在形体上，面圆径小，较厚，盘的规格古今变化不多；在质料上，是油漆的木盘，制造朴素，坚固耐用。

在古代文献中，对航海罗经的具体描述始见于明宣德九年（1434）。巩珍《西洋番国志》自序："皆斩木为盘，书刻干支之字，浮针于水，指向行舟。"这是著者随郑和下"西洋"回国后所记见闻。《明诗综·索里行》所记漆盘应为漆木制航海罗经。关于航海罗经针位，英国牛津图书馆所藏清初抄本《指南正法》中所绘"对座图"，就是按罗经标出台湾省高雄、澎湖和福建省沿海针位和山屿位置。

关于古代指南针在罗经中的装置，从文献资料结合对各地罗经制造作坊的考察，了解到有两大体系。一种是传统的水针，另一种是自国外传入的旱针（近代或译干针，别于水针而言）。

航海罗经

航海罗经是用于确定方向并向各分罗经传输方向信息的主体仪表。

自南宋以来，各种罗经都采用浮针的方法。从《江苏海运全案》罗经和《指南正法》对座图绘法的一致性来看，水罗针在民间商船使用的时间下限可能晚到清道光初年。从休宁水针推论，这种罗针也是沿用传统的制法无疑。

王振铎先生认为，所谓旱针，指不借助水的浮力，用一个支轴（轴针）的尖端顶在磁针的中部，使磁针平衡旋转的装置。我们日常使用的指南针就是这一种。在欧洲航海使用这种罗经，约在 12 世纪就有了。我国在元泰定（1324—1328）时成书的《事林广记》中所记指南龟，就是支轴装置的磁石指南器，当时是用于幻术的。我国支轴指南针用在罗经上，据文献记载是从国外传入的。明隆庆四年（1570）李豫亨《推篷寤语》说："近年吴、越、闽、广屡遭倭变，倭船尾率用旱针盘，以辨海道。获之仿其制，吴下人始多旱针盘。但其针用磁石煮制（即冶炼），气过则不灵，不若水针盘之细密也。"李豫亨为堪舆家，他在《青乌绪言》中又记从日本传入的罗经说："至嘉靖间，遭倭夷之乱，始传倭中法，以针入盘中，贴纸方位其上，不拘何方，子午必向南北，谓之旱罗盘。"嘉靖年间当 1522—1566 年，说明在 16 世纪初期或中期，从日本传入的航海旱罗经，苏州地区曾仿造使用。这种旱针装置，是在磁针上贴纸盘，装在支轴上转动的盘式。据日本《两仪集说》，这种水母形浮动的花针盘为欧洲海舶所用。

3. 武当山金顶奇观

武当山是我国道教圣地之一。它位于湖北省西北部丹江口市境内，方圆八百里。其主峰天柱峰海拔 1612 米，犹如金铸玉琢的宝柱，拔地

武当山

武当山是中国道教名山。1994 年 12 月，武当山古建筑群入选《世界遗产名录》，2006 年被整体列为"全国重点文物保护单位"，现为国家 5A 级旅游景点。

而起，素以"一柱擎天"而名扬天下。天柱峰绝顶上屹立着一座光耀百里的金殿，是武当山精华所在，被誉为稀世国宝。因此，人们也把天柱峰之巅称为金顶。

金顶上现存的金殿是明永乐时代的遗物。殿高 5.54 米，宽 4.4 米，进深 3.15 米，全为铜铸鎏金。

金顶奇观中最著名的是"雷火炼殿""海马吐雾"和"祖师出汗"三大项奇观。

据武当山道长回忆，"雷火炼殿"之前，总是先有"祖师出汗"奇观，接着会出现"海马吐雾"奇观。"祖师"就是金殿内称之为玄天金像的真武神铜像。每当降大雨之前，真武铜像就会像人一样热得汗流浃背。所谓"海马吐雾"，就是金殿顶上的海马铸像有时口中会吐出串串白雾，并哎哎地对天长啸。道士说，这预示着天帝将派雷公雨师前来洗炼金殿。这时，在金顶上值班的道士便赶忙从金顶上下到南天门下。不久，雷雨交加，金殿周围雷声震天，电闪撕地，无数盆大火球在金殿四周滚动激荡，使人惊心动魄。雨过天晴后，大殿黄光灿然，像被洗过一样，这就是"雷火炼殿"。道士们认为这是天帝为了保持金殿的圣洁不被污染，从而把金殿内的宝物冶炼得更加完美；如果有人在金殿内受到雷火的锻炼，也将得道而长生不死。

这些奇观具有物理学的价值。

"祖师出汗"是一个物理学问题。下雨前，金殿内空气中所含水蒸气较多，在大气压突变的影响下，过多的水汽遇冷会凝结为小水珠布满在铜质神像上，这是很自然的。但是，在 1612 米的高山之巅山风总是很大，空气的对流往往会使这些凝结的小水珠过早蒸发。由于建造金殿时铸件精密，铆接严实，使得殿内密不透风，空气不能形成对流从而产生"祖师出汗"奇观。至今殿外山风呼啸，殿内神灯火苗一丝不摇；冬天眼看大雪就要飘入殿内，可到了门口又被顶了回去，亦可说明这一问题。

"海马吐雾"的奇观是我国古代建筑师的杰作。道教把海马神化为天马，铸塑其形象装在金殿顶上，是取"天马行空"的意思。妙就妙在这海马的内部是空的并与金殿内部相通。雷雨前，气候闷热，冷暖气流上下交替剧烈，由于日光的曝晒，金殿内部湿度很大的气体受热膨胀，便自海马口中吐出，在外界冷空气的影响下，有时会凝结为水雾，看起来就像是海马在吐雾；而那海马的长啸声，其实是上下交替的气流与海马口互相摩擦而产生的。

"雷火炼殿"奇观是自然界的雷电现象的正常反应。武当山重峦叠嶂，气候多变，异常混乱的风向使云层之间摩擦频繁而带大量电荷。金殿屹立在天柱峰之巅，是一座庞大的导电体。每当大量带电积雨云向金顶运动时，云层与金殿顶部之间形成巨大电势差，当电势差达到一定数值时，就会使空气电离，产生电弧，这就是闪电。同时，强大的电弧使周围的空气剧烈膨胀而爆炸，于是电弧发生变形而形成火球，并发出雷鸣。这就是"雷火炼殿"奇观产生的真正原因。金殿的结构，除有一正门外，别无通风之处，金殿的十二根铜柱与花岗岩地面熔为一体。放电时，如果真有人在殿内，他将受到静电屏蔽作用的保护，是十分安全的。

（二）声学知识

1. 普救寺塔蟾声

莺莺塔原名叫普救寺舍利佛塔，坐落在山西省运城地区三角地带南端，离永济县城西北 12.5 公里处峨嵋塬头上的普救寺内。它与北京天坛的回音壁、河南郏县的蛤蟆音塔及四川潼南县大佛寺的石琴，是我国

普救寺

普救寺寺院坐北朝南，居高临下，依塬而建。体现了古代劳动人民的聪明智慧和高超的建筑技艺。普救寺现为国家 4A 级旅游景点。

回音壁

回音壁是北京天坛皇穹宇的围墙，其对声波的反射十分规则。两个人分别站在东、西配殿后，贴墙而立，无论说话声音多小，也可以使对方听得清清楚楚，所以称为"回音壁"。

现存的四大回音建筑。由于莺莺塔设计独特，工艺精湛，具有特殊的声学效应，堪称世界奇塔。

该塔初建于隋唐，工制壮丽，嘉靖三十四年（1555）冬毁于地震。现存之塔是嘉靖四十三年由蒲州知州张佳胤倡导，中条山老僧明晓监修重建的。《蒲州府志》中记载："寺有社会堵坡，合砖成之，于地击石有声，若咵哈，盖空谷应响类矣。"

丁士章先生等经过测试和研究，认为上述声学效应主要是由于莺莺塔特殊的建筑结构造成的。

莺莺塔建在三面邻坡、一面是空旷平地的峨嵋塬头上，塔高 36.76 米，塔周围没有高层建筑和障碍物，整个塔身和塔檐均是由质量很好的青砖建造，青砖表面还涂了一层釉料，使这些青砖的反射系数达 0.95—0.98 间，是声音的良反射体。莺莺塔是四方形空筒式砖塔，这种由涂了釉的青砖建造的中空塔身，对声波起了谐振腔作用。蛙声效应是由于声音通过结构特殊的各层塔檐的反射造成的。伸出塔身外面的 13 层塔檐，是由涂了釉的青砖叠涩而成的。每一层塔檐的宽度及伸出塔身外的深度和每层檐砖的叠层数各不相同，且每一层塔檐的青砖叠涩也是不均匀的，呈内凹的反曲线形状。塔檐的这种特殊结构，不仅对声波具有较好的反射作用，且对声波具有汇聚作用。由于各层塔檐呈特殊的反曲线形状，以及相互之间的科学地组合，再加上声波波长较长，因而使反射后的声波，既能向一定方向汇聚，又能在较大的空间范围内传播。击前地时的蛙声，主要是击石的声音通过塔檐的前沿部分反射形成的。击后地时的蛙声，主要是声音通过塔檐的后、中部分反射后形成的。这就是"击前地，则声在塔底，击后地，则声在塔顶，前后上下，所应不同"的原因。

根据声路可逆原理，远处的声音，通过塔檐的反射后就汇聚在檐前附近。因而在塔前附近能听到远处的声音。由于 13 层塔檐的反射汇聚，使在塔前的人耳接收到的声波能量大大增加，从而可听到 2500 米以外蒲州镇的敲锣打鼓及演唱声，戏台似在塔里。塔南坡下西厢村农民在院中和屋里的说话、猜拳声及鸡叫狗吠等杂声，通过塔南各层塔檐的反射、汇聚，在塔南中轴线对称方向上的三佛洞台阶处，能清楚地听到。这就是当地人们把莺莺塔称作收音机、扩大器、窃听器的声学原理。

2. 朱载堉在音律学方面的成就

明代王子朱载堉（1536—1610）是 16 世纪闻名的数学家和乐律学家。他于 1567—1581 年间在世界上首创了十二平均律及十二平均律的异径管律。

朱载堉首先确定倍黄钟律管的参数：长度 2 尺，内径为其四十分之一，即分。其他各律管的长度 5 与内径是分别以 $\sqrt[12]{2}$ 和 $\sqrt[24]{2}$ 为公比的等比数列。经戴念祖先生研究和证明，以此方法缩小管径、校正律管在理论上是完全成立的。

朱载堉在成功地以缩小管径的方法校正律管的同时，还通过种种实验发现了以缩小管长校正律管的方法。他写道：

朱载堉

朱载堉是明代著名的律学家、数学家。中外学者尊崇他为"东方文艺复兴式的圣人"。其著作有《乐律全书》《律吕正论》等。

譬诸律管，虽有修短之不齐，亦有广狭之不等。先儒以为长短虽异、围径皆同，此未达之论也。今若不信，以竹或笔管制黄钟之律一样两枚，截其一枚分作两段，全律、半律各令一人吹之，声必不相合矣。此昭然可验也。又制大吕之律一样两枚，周径与黄钟同，截其一枚分作两段，全律、半律各令一人吹之，则亦不相合。而大吕半律乃与黄钟全律相合，略差不远。是知所谓半律皆下全律一律矣。

所谓"大吕半律乃与黄钟全律相合"，即一尺长正黄钟律管在管径相同的情况下，不与 0.5 尺长的半黄钟管八度相应，而是与 0.4719 长的半大吕相应。因此，"所谓半律皆下全律一律"。这样，八度相应的两支同径管的长度比就为：

$$0.4719/1=0.4719$$

按照朱载堉的结论，任取一律的结构都是如此。例如，在内径相同的情况下，倍黄钟管不与正黄钟管相应，而与正大吕相应，那么倍黄钟与正大吕的管长之比为：

$$0.9438/2=0.4719$$

朱载堉所得到的另一个同径律的实验结论是："是以黄钟折半之音不能复与黄钟相应，而下黄钟一律也。他律亦然。"此处"下"的意思是往低音数。0.5 尺的半黄钟不与 1 尺的正黄钟相和，而与 1.0594 尺的倍应钟相应。那么，这两支同径八度相和的管长之比为：

$$0.5/1.0594=0.4719$$

事实上，只要找到二支八度相和的同径管的长度比，从物理角度看，校正工作就完成了。而具体的校正数从这比数中立即可得，只要将八度相和的弦律长减去按上述比数算得的管长就可以了。例如，朱载堉定倍黄钟为标准管，已知相和管的比数，故校正为 $1-（2×0.4719）=0.0562$（尺）。可见，朱载堉除了发现以管径校正平均律律管的方法之外，又开创了以音高低表述的校正同径管的一般方法。

（三）力学知识

1. 杠杆力学问题的算法

关于杠杆平衡问题，中国古籍中虽然很早即已论及，但有关此类问题的具体力学计算方法最早见于明末程大位的数学著作《算法统宗》。此后，在明清之际的数学著作，如《算法统宗释义》《算法统宗广法》《同文算指通编》《数学钥》《数度衍》和《九章录要》等书中，都讨论了用算术方法计算杠杆力学的问题，不少问题还具有一定的难度，反映了明清之际中算家的力学水平。

王燮先生对《算法统宗》卷三中的两道题进行了研究：

其一，"今有猪一口因无大秤，以小秤称之不起。此秤原锤重一斤十两，又加一秤锤一斤四两八钱，称之得六十七斤。问该公道正数若干？

"答曰：实重一百二十斤九两六钱。

"法曰：置原秤锤（二十六两）又加锤（二十两八钱）共四十六两八钱，以共称猪六十七斤乘之，得三千一百三十五斤六两为实，另以原秤锤（二十六两）为法，除之，得一百二十斤零六，乃一百二十斤实数，其六乃斤下虚数，用加六法加得九两六钱是也。"

设原锤重为 W_1，加锤重为 W_2，所称斤数为 G_2，猪重为 G_1（即"公道正数"），则程大位的算式为：

$$G_1 = \frac{(W_1 + W_2) G_2}{W_1} = \frac{(26 + 20.8) \times 67}{26} = 120.6 \text{ 斤}$$

此式可用杠杆平衡原理推出。设秤杆上的物重臂为 a，秤杆上每斤刻度的间距为 k，则根据杠杆平衡原理，可得下列二式：

$$G_1 a = G_2 k (W_1 + W_2)$$

$$G_1 a = G_1 k W_1$$

消去二式中的 a、k，即得程大位算式。

其二，"原秤称物八斤二两，因失去锤，今欲置锤配秤，不知轻重。另将别锤重二斤五两称之，原物只得六斤。问原锤重若干？

"答曰：原锤重一斤十一两三钱。

"法曰：置后锤称物六斤，以加六法通之得九十六两，以后锤三十七两乘之为实。另以原物八斤二两亦用加六通之，得一百三十两为法，除之得二十七两三钱，合问。"

设原锤重为 W，物重为 G，后锤重为 W_1，后锤所称物重为 G_1，秤杆上每两刻度的间距为 k，物重臂为 a，则程大位的算式可表为：

$$W = \frac{W_1 G_1}{G} = \frac{37 \times 96}{130} \approx 27.3 \ 两$$

此式也可用杠杆平衡原理推出。据题设及杠杆平衡原理，可得下列二式：

$$G_a = W \times Gk$$

$$G_a = W_1 \times G_1 k$$

消去二式中的 a、k，即得程大位的算式。

在《算法统宗广法》（九卷）卷三中，傅国柱对上列两道杆秤平衡题的算法作了推广，增加了下面三道算例：

其一："今有猪一口用四十六两八钱称之，得六十七斤。今以原锤称得一百二十斤九两六钱，问锤重若干？

"答曰：二十六两。"

其二，"若云原锤重二十六两，称得一百二十斤零六。今以重锤称得六十七斤，问今锤重若干？

"答曰：四十六两八钱。"

其三，"若云原锤重二十六两，称得一百二十斤零六。今称得锤重四十六两八钱，问称得若干？

"答曰：六十七斤。"

傅国柱并在《算法统宗释义》中，进一步将上列各题的算法总结成如下通式：

"三千一百三十五斤六两者，原与今之同实也。故以原称斤数除，得原锤重；若以原锤重除之，则得原称斤数；若以今锤直除之，则得今称斤数；若以今称斤数除之，则得今锤重。"

设以 $G_原$、$G_今$ 分别表示原称和今称斤数，以 $W_原$、$W_今$ 分别表示原锤重和今锤重，以 k 表示秤杆上每斤刻度数，由于秤上的物与物重臂没有变，故由杠杆平衡原理，有：

$$kG_原 \times W_原 = kG_今 \times W_今$$

等式中消去 k，即得傅国柱的通式：

$$G_原 \times W_原 = G_今 \times W_今$$

实际上，这个通式就是杠杆平衡原理在杆秤称物问题中的具体形式。所谓"原与今之同实也"，其实正包含着原、今两种情形下力矩相等的意思。因此，傅国柱的通式在杆秤力学上是具有普遍意义的。

2. 水流量的计算

明初徐有贞（1407—1473）由于治水的需要，曾做过一次水流量实验。方以智《物理小识》载：

治水开支河口：徐有贞张秋治水，

徐有贞

徐有贞，南直隶吴县（今江苏苏州）人，明朝中期内阁首辅。

或谓当浚一大沟，或谓多开支河。乃以一瓮窍方寸者一，又以一瓮窍之方分者十，并实水，发窍，窍十者先竭。

徐有贞在张秋（今山东省聊城县城正南）治水时需要排水，但怎样排才排得快，当时有两种意见。一种意见是"浚一大沟"，另一种意见是"多开支河"。哪种意见正确一时难以判断，于是徐有贞便用实验来解决这个问题。他的实验如上所述，即取两口瓮，在一口瓮的底部开一个 1 平方寸的孔；在另一瓮的底部开十个 1 平方分的孔。把孔都堵住，瓮里都装满水，然后同时把两瓮底的孔都打开。水从孔中下流，观察的结果是十个小孔的瓮中的水先流尽。

李迪先生认为，这个实验本身是重要而有价值的，然而结论却有问题。主要问题有三：首先，实验的目的是解决流体动力学问题，可是实验本身却属于流体静力学性质，瓮中的水是静止的，靠垂直压力和重力的作用垂直下流。河中的水自身是流动的，与瓮中静止的水不同。假如需要排出的水是池水（即基本上不流动），则和徐有贞的实验有些类似，不同的是被排出的水是按接近水平的方向流出的。究属何种情况，记载中没有进一步交代。笔者推想，池水的可能性大些。其次，水从瓮中流出后仅在空气中通过，所受到的阻力也只是空气，阻力极小，而河流中的水或从池中流出的水都是三面与固体的河道相接，一面是空气，阻力比前者要大得多。最后，实验本身也有问题，做"窍方寸者一"和"窍之方分者十"实验的原来目的是想判断出何者流量为大。实验中的"方寸"和"方分"应是一边分别为 1 寸和 1 分的正方形（实际上未必能做成规则的形状）。由大窍"方寸"变为"方分"，则面积为 1 平方寸，即 100 平方分，而小窍"方分者十"的总面积为 10 平方分，只有大窍的十分之一。明末清初的揭暄对上引资料有一段简短的注解，说"方寸一当方寸百，十先竭，利于大沟十余倍矣"，这是没有根据的。如果两瓮都是圆柱形且水深相等，压强也相等，很显然，面积大的窍所受压力大于面积小的窍，那么"窍方寸者一"的水流速度要大于"窍之方分者十"的水流速度。

上述水流量实验虽然存在各种问题，而且也没有给出水流量的计算公式，但是通过实验研究水流量问题的做法是非常重要的。这是我国第一次水流量实验，也可能是世界上较早的一次，可惜的是这种实验在我国没有继续进行。

四

化学化工

（一）火药理论

1."君臣佐使"理论

孟乃昌先生经过详细研究，得出如下结论：中国古代火药的理论，讲究的是君臣佐使的理论，后来又得到阴阳学说的补充，通过军事实践加以检验，在明代形成了较为定型的火药理论诠释。有关史料，见于《火龙经》《武备志》《天工开物》《本草纲目》之中。

经过炼丹小试，到军事应用，再到总结出火药理论，各为数百年之久。火药理论直到明代才出现。守拙三亭重集校本《火龙经》上卷说："是书遍采群书，精选诸品，有机括不明、运用无济者，一概删去。"可见有明一代，火药书出现过不少。宋应星说道："火药火器，今时妄想进身博官者，人人张目而道，著书以献，未必尽由实验。"（《天工开

中国历代科技史·明代科技史

034

物·佳兵》）这些书，而今存者寥然，《火龙经》是佼佼者。

《火龙神书》说："火攻之药，硝、磺为君，木炭为之臣，诸毒为之佐，诸气药为之使。然必知药性之宜，斯得火攻之妙。硝性主直（直发者以硝为主），磺性主横（横发者以磺为主），灰性主火（火各不同，以灰为主。有箬灰、柳灰、桦灰、葫灰之异）。性直者，主远击，硝九而磺一。性横者，主爆击，销（硝）七而硫三。青杨为灰，其性最脱（锐）；枯杉为灰，甚性尤缓；箬叶为灰，其性尤燥。"这就是朴素而完整的火药理论大纲，对于君臣佐使理论的运用，还不如炼丹家娴熟，还有许多臆想的成分。火药理论是由战争的实践总结出来的。从原文看出，"君"或"主"指配合数量上的最大量成分，指火药反应中的最活性物质，指发挥实用效果上的最主要负担者。当然君主不是唯一者。混合剂中数量上、反应中、效果上的次要成分为臣。君、臣为必要成分，而佐使在配伍中是可以变通、可以代替的成分。

《火龙经》关于硝、硫、炭分别具有直、横、火的作用的认识，有其正确性；以之对照近代黑药成分，也是大体相符的。按黑药反应最简式为：

$$2KNO_3+3C+S === K_2S+N_2+3CO_2$$

按此计算的理论组成为硝酸钾74.84%、硫11.84%和炭13.32%，近代通用配方为硝75%、硫10%、炭15%。

硝酸钾为携氧物质，是唯一的氧化剂，爆炸时它分解出硫和炭燃烧所需的氧。作为发射药要求有高分解速度和高的温度，保证硝酸钾的足够用量，可以改善火药的弹道性能。所说"硝性主直"，这是从用途上而不是从反应作用上确定性质，即"性直者主远击，硝九而磺一"。用硝量均较高。

硫在混合火药中起着特别的作用。很多实验证明，硫含量高的火药，火药力和燃烧速度降低。在实际应用中，爆破作业使用的矿用火药，通常增加含硫量，减少硝酸钾用量，如法国矿用火药，硝62%、木炭18%、硫20%。《火龙经》说"磺性主横"，是指增加了硫黄成分的火药可为爆炸药，即"性横者主爆击，硝七而硫三"。

火药中的木炭是可燃物。木炭由于来源不同和制法不同，可使火药具有所需要的性能。木炭的炭化度无论对火药力和火药的点燃性，或者对其燃烧速度，都有影响。《火龙经》用"灰性主火""火各不同"，来概括这些性质。近代使用木材烧成的炭来制造火药。最好的烧炭原料木材是柔木即软而不致密的木材，如赤杨、菩提树、柳树、榛树、杨树、白杨和灌木类如鼠李木等。这与《火龙经》的记载是相合的。

柳树
柳树不仅具有园林价值，还有经济价值。柳树材质轻，易切削，干燥后不变形，无特殊气味，可供建筑、箱板和火柴梗等用材。

榛树
榛树是一种桦木科植物，为落叶灌木。中国北方有丰富的野生榛。

《火龙经》的理论思想，在明代有所发展。二君的提法，虽然在"直发者以硝为主""横发者以磺为主"的论断中有所调整，但磺为主的推定毕竟不是指用量的优势，而是关于作用的设想，也不能彻底改变二元论的基本观念。待到天启元年（1621）茅元仪在他的《武备志·火药赋》中才做了更正，硝是君，硫是臣，炭是佐使，更加符合火药成分配比和作用的实际。

2. 阴阳学说

用阴阳学说朴素地阐明火药反应机理的是宋应星。他在《天工开物·燔石·硫黄》中说："凡火药，硫为纯阳，硝为纯阴，两精逼合，成声成变，此乾坤幻出神物也。"《天工开物·佳兵·火药料》说："凡火药以硝石、硫黄为主，草木灰为辅。硝性至阴，硫性至阳，阴阳两神物相遇于无隙无容之中。其出也，人物膺之，魂散惊而魄齑粉。"尽管宋应星仍是二君论，只把"臣"换了一个"辅"字，但他关于"两精逼合""相遇于无隙无容之中"的描述，部分地观察和猜测到了火药爆发产生大量的热和约相当于原来体积一二千倍的气体的巨大威力。

中国火药理论使用阴阳，而不用五行，它另有表示多成分体系的方式。

中国古代火药由纵火的火攻战法发展而来，在爆炸、发射性的火药运用以后，仍然使用作为烧夷剂、烟雾剂、照明剂、信号剂等火工品，品种十分繁多，而且包括毒性烟雾，可能主要是造成有毒气固溶胶，但也可视为毒气战的前身。《火龙经》记载了以上广义火药的配制及其多种用料：

雄黄气高而火焰（神火以雄黄为君），石黄气猛而火烈（法火以石黄为君），砒黄气臭而火毒（毒火以坚砒为君）。金火（即尿水），银锈（锈）（尿霜），硼砂炒制铁磁锋着人则倾烂见骨（烂火药内用之）。牙皂、姜霜、椒末，配合神雾，着人则立瞎双睛（飞火药内用之）。草乌、巴豆、雷藤，可加水马（虎药中人，饮冷水即解，加水马见水愈甚）。毒箭药，火龙枪着人则见血封喉（箭火枪上用之，贼中立毙）。江子、常山、半夏，略和川连，造制喷筒药，确着人则禁唇不语（喷火药内用之）。桐油、豆粉、松香，用制焚帐劫寨（偷劫火药内用之）。人精、铁汁、巴油，用破革皮帐（熔化锡铅或铁汁，以毒同化倾下，革车皮帐攻城，用此熔化倾，烧沸倾注城下，直透重革）。狼粪烟，昼黑夜红，递传警报；江豚炭逆风逾劲，力显神奇（凡火药顺风则发，逆风则不可用。加江豚配合诸药，则风愈逆则愈炽矣）。他如猛火油（出占城国），得水愈炽湿物。凡以鱼腊（出婆罗国）见风漫爆，无可遮拦，固此难得之物而为将又不可不知也。

《火龙神书》在第一卷列有上述"火攻药法"内容，第二卷为"火龙万胜神药：二十八品上应天垣二十八宿，火攻神药品，火攻从药"，称"右法药六十四品，制炼神火、毒火、法火、烂火。各火配合有方，煅炼有法，差之毫厘，谬之千里。专将阃者，当熟玩诵焉。"

无论六十四味或八十三味药，按配伍理论以佐、使药为"副料""从药"，品种最多。其中有以二十八宿来配二十八味从药者。现在看来，炼丹术、火药学、医药学都曾以二十八宿使自己的佐使药味成一个体系。这三个领域之间，可能有关联。

（二）琉璃釉色

1. 琉璃烧制方法

琉璃古名璧流离，亦作流离或瑠璃，是一种不透明或半透明的低温色釉，敷于陶质瓦上经烧制后即成琉璃瓦。"琉璃"一词，最早见于《汉书·西域传》，明确作为建筑装饰材料者，则见于《西京杂记》《汉武故事》《拾遗记》《魏书·西域传》等书。

明代的琉璃制品已相当丰富了，《天工开物》"珠玉"卷附录云："烧瓴瓯转沙成黄绿色者曰琉璃瓦，煎化羊角为盛油与笼烛者为琉璃碗，合化硝铅泻珠铜线穿合者为琉璃灯，捏片为琉璃瓶袋。"可见，当时已有不同用途的琉璃制品。

明初托名刘基所撰《多能鄙事》中载有烧制琉璃的

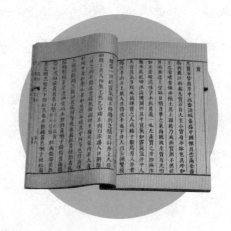

《天工开物》
《天工开物》由明代著名科学家宋应星所著，是中国古代一部综合性的科学技术著作。外国学者称《天工开物》为"中国 17 世纪的工艺百科全书"。

方法：

　　黑锡四两，硝石三两，白矾二两，白石末二两，右捣飞极细，以锅用炭火熔前三物，和之；欲红入朱，欲青入铜青，欲黄入雄黄，欲紫入代赭石、欲黑入杉木炭末，并搅匀，令成色，用铁箪夹抽成条。白则不入它物。

　　文中对烧制琉璃的红、青、黄、紫、黑、白六种色泽均作了具体记载。《多能鄙事》是继宋李诚《营造法式》之后介绍古代工艺的专著，它的问世早于《天工开物》，值得人们注意。

　　明初定都南京，在南郊芙蓉山设立烧制宫殿建筑琉璃的瓦窑数十座，琉璃件胎质以安徽太平府白泥为主，釉色以黄、绿、天蓝、褐、黑色居多。明永乐、宣德年间烧成的报恩寺大琉璃塔，高达九层，极为壮观，其残件现存南京博物院。

　　关于黑锡（铅）的化学变化，明李时珍《本草纲目》中有明确记载：黑锡经炒炼后，"一变而成胡粉，再变而成黄丹，三变而成密陀僧，四变而为白霜"。这正是由于炒炼时的温度不同，氧化程度因之而异，得到各种不同的氧化铅产物的缘故。

2. 琉璃成色方法

　　宋应星《天工开物》"陶埏"卷中记载了琉璃成色的配方："以无名异、棕榈毛等煎汁涂染成绿黛；赭石、松香、蒲草等涂染成黄。"此为京师烧造琉璃所用之色料。同书云："外省亲王殿与仙佛宫观，间亦为之，但色料各有配合，采取不必尽同。"据此可知：当时所采用的色料，是矿物料与植物料并用；配方不同，可烧制出不同颜色的琉璃釉。

　　关于烧制琉璃瓦的方法，《天工开物》"陶埏"卷中又云：

　　其制为琉璃瓦者，或为板片，或为宛筒，以圆竹与斫木为模，逐片成造。其土必陂于太平府。造成，先装入琉璃窑内，每柴五千斤烧瓦百片。取出成色（着釉）……再入别窑，减杀薪火，逼成琉璃宝色。

这里宋应星十分明确地记述了烧制琉璃所使用的二次烧成工艺，这是宋代及明初文献所不及的。

杨根先生等认为，明代对琉璃釉色配方记载较详的文献资料，当数孙廷铨《颜山杂记》中的"琉璃志"。颜山即今山东博山，自古以烧制陶瓷、琉璃著称。宋博山窑瓷器，风格古朴粗犷，极富民间艺术气息，属于磁州窑系统，其后历代均沿袭之，迄今仍为重要瓷区。《颜山杂记》卷四云：

琉璃者，石以为质，硝以和之，礁以锻之，铜、铁、丹铅以变之。非石不成、非硝不行、非铜、铁、丹铅则不精，三合然后生。

其中"礁"即焦炭。同书又云：

凡炭之在山也……其用以锻金冶陶，或谓之煤，或谓之炭。块者谓之砓，或谓之砟。散无力也，炼而坚之谓之礁。

关于烧制琉璃的几种原料的性能和作用，该书接着说：

白如霜，廉削而四方，马牙石也；紫如英，札札星星，紫石也；棱而多角，其形似璞，凌子石也。白者以为干也，紫者以为软也，凌子者以为莹也。是故白以为干则刚，紫以为软，则斥之为薄而易张，凌子以为莹，则镜物有光。硝，柔火也，以和内；礁，猛火也，以攻外。

该书还记录了水晶、白、梅萼红、蓝、秋黄、映青、牙白、正黑、绿以及鹅黄十种不同色料的配制方法：

其辨色也，白五之，紫一之，凌子倍紫，得水晶；进其紫，退其白，去其凌子，得正白；白三之，紫一之，凌子如紫，加少铜及铁屑焉，得梅萼红；白三之，紫一之，去其凌，进其铜，去其铁，得蓝；法如白焉，钩以铜碃，得秋黄；法如水晶，钩以画碗石，得映青；法如白，加铅焉，多多益善，得牙白；法如牙白，加铁焉，得正黑；法如水晶，加铜焉，得绿；法如绿，退其铜，加少碛焉，得鹅黄。凡皆以焰硝之数为之程。

这里对琉璃制作所需的原料、火候控制及色釉配方都作了相当细致的描述。

我国琉璃色釉的历史悠久，色彩以黄、绿、蓝、紫为主，着色剂为铁、铜、钴、锰的氧化物，亦即我国瓷器釉色的四个主要系统，系低温烧成，以铅为助熔剂。元代以后出现的法华器，也是一种低温色釉装饰的陶器，与琉璃相似。不同的是法华器釉所用的助熔剂除氧化铅外，还有牙硝，牙硝即马牙硝，主要成分为硫酸钠。

我国建筑琉璃和釉上彩瓷器两者的发展有密切关系，采用二次烧成工艺的釉上彩使瓷器的装饰效果大大丰富起来，同时也使明代的建筑琉璃烧成工艺益发成熟。

（三）黄铜冶炼

1. 金属锌——倭铅

从明代始，"黄铜"指的是铜锌合金，在此以前，则或是泛指黄色铜合金；或者相对于胆铜而言，是指以黄色铜矿石为原料所冶炼出的赤铜；而对铜锌合金，长期则称之为"鍮石""鍮铜"。

赵匡华先生说，"黄铜"一词在明代专指金黄色的铜锌合金，而且冶炼这种合金的技艺已逐步发展为金属铜与金属锌直接合炼，也就是说这时已能冶炼金属锌了。当时我

黄铜

黄铜有较强的耐磨性能，黄铜常被用于制造阀门、水管等。

国称金属锌为"倭铅"或"白铅"。文献记载与文物检测都证明这种工艺在明代宣德年间以前已经产生，到宣德三年（1428）则已有了相当成熟的经验。因为这年宣宗曾命工部大量铸造鼎彝，以供郊坛、宗庙、内廷陈设之用。当时的礼部尚书吕震曾编《宣德鼎彝谱》一书，详细地记载了这项工程的用料情况，其中明确记载原计划用倭源白水铅17000斤，后裁减物料，向节慎库实领13600斤，并说明"此白水铅入洋铜用"。1925年王琎先生曾分析了两个家藏的宣德炉，确证为铜锌合金（还含少量锡、铅和铁），其含锌量分别为20.4%和36%。这就证明了"倭源白水铅"确为金属锌，即倭铅。然而当人们再一次研究一下这项铸造所用物料的总清册时，不免会提出一个新问题：这次铸造所用倭铅是否为我国自己生产的？因为这个用料清单是这样的：

> 计开暹罗洋铜三万九千六百斤，赤金八百两，白银二千六百两，倭源白水铅一万七千斤，倭源黑水铅八千斤，日本国生红铜一千斤，贺兰国花洋斗锡八百斤，钢铁一万二千斤，天方国番硇砂三百六十斤，三佛齐国紫硨石三百斤，渤泥国紫矿石三百斤，渤泥国胭脂石二百斤，金丝矾二百斤，晋矾二万四十斤。……

这些物料大都冠以产地，除晋矾、倭源外，其他凡指名产地的物料都是舶来品，因此在肯定我国明代前期已掌握了合炼铜锌为黄铜的技术后，还有必要考证那时我国是否已掌握了炼锌技术和有了炼锌业。

我国学者几十年来始终未能查到明初或明初以前有关这方面的记载的可靠资料。但在清初道士傅全铨（道号济一子）汇辑的《外金丹》丛书所收录的《三元大丹秘苑真旨》中有一段与此有关的文字，具有较大参考价值。这本丹经大约至迟是明代嘉靖年间的道士撰写的，其中有这样一段话：

> 太阳红铅乃丹中第二品材也。……此铅较之中国福建所产白气倭

铅、函谷所产青气倭铅，杨（阳）城所产之黄气倭铅不大相同。白气倭铅（即福建所产）其色比锡色白，有似乎青丝银子之色……烧试则白烟缭绕，此亦中国之上宝也。南方人多用此掺入锡中，以充广锡，道中人多用烧茆（红铜）。青者（指函谷青气倭铅）碴皆被马牙碴，烧试则有黄烟，匠人多用之点黄铜，盖铜本来赤红，必用倭铅点之，然后成黄铜，丹中不用，茆方亦不用。

这段文字至少告诉我们：第一，中国早期的倭铅产地有福建、河南函谷和山西阳城地区。关于阳城炉甘石，明成化年间李实所撰《明一统志》也有记载："泽州（晋城）及高平、阳城二县出芦甘石。"第二，福建生产的倭铅质量较高，色白如银，产量大，成本也低，所以"南人多用此掺入锡中，以充广锡"。第三，那时已有匠人用倭铅点化赤铜为黄铜。一般说来，书面记载总是较晚于实际的，所以上述结论也大致适用于宣德年间，即铸造宣德鼎彝器所用倭铅可初步认为是我国自产的。20世纪初在广东曾发现标有万历十三年字样的锌锭，纯度达到98%，可能就是产于福建的。

2. 黄铜冶炼

在明代世宗嘉靖年间，我国开始以黄铜铸造钱币。据《明会典》记载：

嘉靖中则例"通宝钱"六百万文，合用二火黄铜四万七千二百七十二斤，水锡四千七百二十八斤。……

万历中则例"金背钱"一万文，合用四火黄铜八十五斤八两六钱一分三厘一毫，水锡五斤一十一两二钱四分八毫八丝。……火漆钱一万文，合用二火黄铜，斤两同前。……

我国自元代以后，已经把用炉甘石"点化"赤铜所得到的铜锌合金称为"黄铜"了。例如元人撰《格物粗谈》说："赤铜入炉甘石炼为黄铜，其色如金。"明弘治十八年（1505）刘文泰所撰《本草品汇精要》也说："炉甘石……今以点炼蟹壳铜而成黄铜者即此也。"可见上文中嘉靖、万历年间铸钱所用"二火黄铜""四火黄铜"肯定为铜锌合金。至于是用金属铜、锌合炼而成，还是用红铜与炉甘石合炼而成，还有待进一步研究，但笔者倾向于后者，因刘文泰在弘治十八年仍说当时所炼黄铜乃是以炉甘石"点炼蟹壳铜"而得。即使到了万历年间，李时珍在其《本草纲目》中还是说："人以炉甘石炼为黄铜"，"炉甘石……赤铜得之，即化为黄。今之黄铜，皆此物点化也。"只提到某些方士在利用倭铅"勾金"。清初顾祖禹《读史方舆纪要》也说："宁州水角甸山在州东百三十里，地名备录村，产芦（炉）甘石，旧封闭。嘉靖中，开局铸钱，取以入铜，自是复启。"因此可以认为嘉靖至万历中铸钱所用黄铜至少主要仍是由炉甘石直接入赤铜点化而成。那么"二火""四火"的含义当指"合炼""点化"的次数，所以"四火"当较"二火"黄铜含锌量高。最近有学者对一批明代嘉靖、万历铜钱进行了化学分析，结果表明上述推断是符合实际的。至于"水锡"，可能就是金属锡，但宋应星在其《天工开物》记载，当时（崇祯年间）北京有称倭铅为"水锡"的，那么要知道嘉靖年间铸钱所用"水锡"究竟是什么，就必须从嘉靖铜钱的分析结果来判断了。如果是指金属锌，那么按《明会典》的配方，嘉靖钱是以黄铜与锌合炼而成，当不含锡，但根据对 20 枚"嘉靖通宝"的分析结果，这些铜钱中除铜、锌为主要成分外，都含有金属锡，含量一般在 4%—8%，这表明当时的水锡仍指金属锡，称"倭铅"为"水锡"那是嘉靖以后的事了。而且黄铜既然已经是铜锌合金，再加少量金属锌（如果"水锡"为金属锌）铸钱也似无道理。

《天工开物》记载："凡铸钱每十斤，红铜居六、七，倭铅居四、三，此等分大略，倭铅每见烈火，必耗四分之一。"据所分析的 8 枚

"崇祯通宝"看，含铜在60%—64%，含锌在33%—36%，已几乎不再含锡，这与以上记载完全符合。这表明到了崇祯年间，铸钱所用黄铜才发展到了以红铜与倭铅合炼，金属锌的生产才有了相当大的规模，也就是说黄铜冶炼迈入了新的发展时期。

（四）矾化学

1.对各种矾的制取

我国古代使用的矾品种繁多，在染色、医药、炼丹、造纸、食品加工、日常生活中都有极为广泛的应用，当然需求量也就相当可观。但在自然界中可以直接使用的天然矾是很少的，仅胆矾、绿矾、黄矾偶有发现，绝大部分需通过对有关矾矿石进行焙烧、煎炼和加工提纯才能取得。而且我国先人也曾用无机合成的方法制造过某些矾，这些生产经验和创造发明为我国古代矾化学的成就添增了光彩。赵匡华先生对此做过深入的研究。

白矾的焙制　在自然界中并无白矾，只有白矾石，其主要成分是$KAl_3(SO_4)_2(OH)_6$。在成矿过程中，白矾与其他成分，如黄铁矿、黏土片岩等共生，形成不溶性白矾矿石；又因其形状如垒石，所以我国古代又称之为"马齿矾"。经焙烧，便发生如下反应：

$$KAl_3(SO_4)_2(OH)_6 \xrightarrow{\triangle} KAl(SO_4)_2 + Al_2O_3 + 3H_2O$$

得到粗制白矾，再经水溶浸后，硅、铁质沉淀，然后把浓缩的热清液澄出，便逐步析出纯净的明矾。古代医药学家们往往利用白矾石，亲自焙炼。宋应星在《天工开物》中的有关阐述可算最为翔实明确的了，原文如下：

凡白矾，掘土取垒块石，层垒煤炭饼锻炼，如烧石灰样。火候已足，冷定入水。煎水急沸时，盘中有溅溢如物飞出，俗名蝴蝶矾者，则矾成矣。煎浓之后，入水缸内澄，其上隆结曰吊矾，洁白异常；其沉下者曰缸矾。轻虚如棉絮者曰柳絮矾。烧汁至尽白如雪者谓之巴石。方药家煅过用者曰枯矾云。

　　绿矾与黄矾的制取　至迟在战国时期，我国就已经开始用焙烧涅石法制造绿矾。其做法大致与烧石灰相似，先以土坯砌墙成窑，在其中把涅石与煤炭垒叠起来，点燃焙烧，在空气供应不很充分的情况下，窑中便发生如下反应：

$$FeS_2 + 2O_2 \xrightarrow{\triangle} FeSO_4 + S \uparrow$$

这种工艺一直是我国古代制绿矾的传统方法，但在早期的古籍中尚未见有明确记载。唯在《天工开物》中才有清楚的说明：

　　取煤炭外矿石子（俗名铜炭），每五百斤入炉，炉内用煤炭饼（自来风，不用鼓鞲者）千余斤，周围包裹此石。炉外砌筑土墙圈围，炉巅空一圆孔，如茶碗口大，透炎直上，孔旁以矾滓厚罨……然后从底发火，此火度经十日方熄。其孔眼时有金色光直上（取硫）。煅经十日后，冷定取出……其中精粹如矿灰形者，取入缸中，浸三个时，漉入釜中煎炼。每水十石，煎至一石，火候方足。煎干之后，上结者皆佳好皂矾……此皂矾染家必需用……原石五百斤，成皂矾二百斤，其大端也。

　　这段文字和所附的"烧皂矾图"把该工艺描述得非常清楚了。文中所谓"煤炭外矿石子"当指含煤黄铁矿石，色黑而带有金黄色调的金属光泽，因而又俗名"铜炭"。采用这种工艺在制得绿矾的同时，从窑顶导管中便会冷凝流出硫黄来，这正是我国早期取得硫黄的一种方法，所以硫黄约在东汉时就有了"矾石液"的别名。陶弘景所辑《名医别录》中就说："石硫黄……生东海牧羊山谷中及太山、河西山，矾石液也。"宋应星对此解释道："凡硫黄乃烧石承液而结就。……遂有矾石液之说。"

　　至于黄矾，则无论是天然产的，还是人工制造的，都是由绿矾经空气氧化而成。在用焙烧法制绿矾的窑炉土壁上经久便会凝结出黄矾；煮胆水炼铜的铁釜周围土地上，溅洒的绿矾水日久往往也会析出黄矾。《天工开物》中记载：

> 其黄矾所出又奇甚，乃即炼皂矾炉侧土墙春夏经受火石精气，至霜降立冬之交，冷静之时，其墙上自然爆出此种。如淮北砖墙生焰硝样，刮取下来，名曰黄矾。染家用之。

2. 矾的作用

我们已知，从矿物和金属制得各种的无机化学制品，如果没有诸如硫酸、硝酸、盐酸等这些无机酸，那么就会遇到很大的困难。但是我国古代几乎没有用过这类强酸，在医药和炼丹术化学中却出色地制造出了一系列无机化合物，有些则是自然界不存在的；矾类的利用以及矾与硝、盐的结合使用，起了突出的、关键性的作用。因为在火法试验中，矾类将分解出硫酸；矾、硝一起加热，便将产生硝酸；矾与盐或硇砂（NH_4Cl）一起加热，就会产生盐酸。因此，有了它们的参与，很多反应就可顺利进行了。所以矾类及这些混合物堪称为"固体强酸"。

铅丹煎炼　明代，制铅丹的工艺就从"硝黄法"过渡到"硝矾法"了，质量进一步提高。这种工艺，实际上是在矾类的参与下利用了硝酸来溶解黑铅，再进一步把硝酸铅分解，氧化成铅丹，反应既快又充分，而且产物经淘洗后十分纯净，成为后世最推崇的标准法。《本草纲目》对此方法有所论及：

> 今人以作铅粉不尽者，用硝石、矾石炒成丹。若转丹为铅，只用连须葱白汁拌丹慢煎，煅成金汁倾出，即还铅矣。货者多以盐、硝、砂石杂之。凡用，以水漂去硝、盐，飞去砂石，澄干，微火炒紫色。地上去火毒。

这段文字既介绍如何炼铅丹，又指出以丹还铅的技艺，看来也是出自炼丹家的创造。这种方法是借助了矾的功力，已具有了近代无机合成化学的雏形。这在当时是处于国际先进地位的。因为在《本草纲目》问世近 300 年后，1875 年英国蒲洛山著述的《无机与有机化学》中，介绍的炼铅丹法还与中国东汉时期狐刚子炼制"九转铅丹"时采用的方法基本相同。

金银的分离　矾类不仅在古代无机合成化学中发挥了它的威力，而且在解决金银分离这一古代难题中，也曾经发挥了特别的作用。

中国古代金银分离术中最值得重视的是矾—硝与矾—硝—盐混合剂的应用，也就是接近于借助硝酸和王水来溶解白银了。

明初曹昭所撰《格古要论》记载了这种方法。他把焰硝、绿矾及盐的混合物称为"金榨药"。原文如下：

用焰硝、绿矾、盐留窑器，入干净水调和，火上煎，色变即止。然后刷金器物上，烘干，留火内略烧焦色，急入净水刷洗，如不黄再上。然俱在外也。

明末方以智在其《物理小识》卷七中记述了"矾硝法"，实质上即"硝酸法"，俗称"罩金法"，也称"炸金法"，现亦转录如下：

［罩金法］：炭烧黄金，再以盐水调黄土涂烧之，从而涤之。及用焰硝、绿矾等分，水调付（敷）金，置火上炙，色改为止。急入净水洗刷而焙干之，不黄再上。然能加外色而已。俗谓之"炸金"。

但应指出，硝酸虽可强有效地溶解白银，然而加热下它很快蒸发、分解，因此以上两法仅可溶解黄金表面的白银。故曹、方二氏说，金之黄色"俱在外也"，只能"加外色而已"。

（五）楮皮纸

1. 制造历史

像麻纸一样，楮皮纸也有悠久的历史。制造楮皮纸的原料是楮树的韧皮纤维，楮树皮含有非常适于造纸的木本韧皮纤维。

由于楮纸历史悠久，又适于高级书画用，特别受到文人们的重视。有时"楮"这个字竟成为"纸"的代称。如张翥（1237—1368）在为当代的吴兴书画家赵孟

楮皮纸

楮皮纸，2008 年经国务院批准列入第二批国家级非物质文化遗产名录。

徐渭

徐渭是明代著名文学家、书画家、戏曲家、军事家。徐渭多才多艺，在诗文、戏剧、书画等各方面都独树一帜，与解缙、杨慎并称"明代三才子"。

頫（1254—1322）的《木石图》题诗时就写道："吴兴笔法妙天下，人藏片楮无遗者。""片楮"就是"片纸"。明代人徐渭（1521—1593）在《画鹤赋》中说："楮墨如工，反寿终身之玩。"这里的楮墨就是纸墨，意思是说如果纸墨制造精细，作成书画后可供一生欣赏。还有的文人以楮为题材，把它人物化，写成滑稽体传记。

2. 技术改进

明代，是中国手工纸的集大成阶段，楮纸的制造尤为突出，几乎南北各地都有生产，适用于各种用途，产量、

质量和加工技术都达到空前的高水平。这一时期还出现了关于楮纸制造的详细文献记载。明人王宗沐（1523—1591）在1556年主编的《江西省大志·楮书篇》，即是迄今世界上详论楮纸制造的较早一部著作。

《江西省大志》主要记载洪武年间江西省广信府（今上饶地区）玉山县设官局造皮纸的技术。这种楮纸供宫廷御用，因而制得十分考究，据潘吉星先生研究，其所经历的工艺流程如下：将楮料水浸数日→用脚踏之，捆成小把→将楮料用清水蒸煮，削去内骨，将楮皮扯成丝→用刀或斧将楮皮丝切短，打成小捆→以石灰浆浸之，存放月余→将浸有石灰浆的楮皮放锅内蒸煮→将料从锅内取出，放布袋内以河水自然漂洗数日→以脚踏去石灰水→楮皮摊在地上或山坡上日晒雨淋，至色白为止→用踏碓或杵臼捣细→在楮料上加滚开的草木灰水沭泡，阴干半月→河水洗料→再次放入锅内蒸煮→水漂→以日光暴晒→用手将次料及杂质剔去→用刀细砍，至揉碎成末→放入袋内洗之→入槽加水搅拌→向槽中加纸药水→打槽捞纸→压去水分→火墙干燥→从墙上揭下纸张→整理切边、打包。这个方法中包括四次蒸煮，其中二次清水蒸煮、二次碱性溶液蒸煮，经这样处理后得到的纸，洁白如玉，纤维匀细，表面光滑，但费去许多时间和劳力，统治者用纸从来是不计较工本的。

除《江西省大志》外，明人彭泽主编的《徽州府志》（1502）和宋应星的《天工开物》也有关于楮纸技术的记载，但较为简略，步骤也较少。

五 / 天文学

（一）行星运动控制力

1. 基本思想

中国在千百年的天文学发展史上曾经产生过有关行星运动的物理机制的思想。中国天文学发展到明末清初，就有一些天文学家在研究行星运动时提出了朴素的天体引力的思想。他们所使用的概念是"气"和磁石吸力。

据薄树人先生研究，明朝末年，有一位研究传统天文学的天文学家叫邢云路，他在 1608 年出版了一部书，叫《古今律历考》。在这部书中他提出了一连串的问题：月亮和行星都在天空中不断运动着，可是为什么月亮轨道对黄道的交角却没什么变化呢？为什么行星的运动周期又那么准确不变呢？邢云路对这一类问题的回答是，这都是太阳的缘故。

太阳为万象之宗，居君父之位，掌发敛之权；星月借其光，辰宿宣其气。故诸数一禀于太阳，而星月之往来，皆太阳一气之牵系也。

邢云路的这一段话虽然有错误，但是有两点却很值得注意。首先，他认为行星和月亮一样，也是因反射太阳光而发光的。第二，更重要的是他提出，行星之所以能往来运动，都是因为受到了一种力量的牵引控制，这种力量乃是太阳发出的一股气。邢云路在这里发展了宣夜说的思想，明确指出了支配行星运动的气的来源是太阳。

2. 思想渊源

邢云路之作出这个结论，是根源于中国的传统历法计算。中国古代的历法实际上是一部天文年历，其中除了年月日的安排外，还包括太阳运动、月亮运动、日食和月食预报、五星运动等极为丰富的内容。邢云路从这些项目的计算中发现，其中无不与太阳有关。各种与月亮及五星运动有关的天象，它们的推算过程中都必须考虑太阳，即所谓"诸数一禀于太阳"。从这个事实出发，邢云路作出了进一步的推理："太阳为万象之宗。"邢云路几乎把太阳比作了宇宙的中心。可惜，他没有讨论太阳和地球的关系。不管怎样，他把行星运动的控制力量归之于太阳，这无疑是一个很大的进步。这个"太阳一气之牵系"的思想，可以说就是太阳引力的概念。所不足的是他的太阳系概念还不清楚，把月亮放在了和行星同等的地位上，而实质上月亮乃是地球的一颗卫星，它主要在地球引力的支配下，绕地球旋转，只是被地球带动着、随地球一起绕太阳旋转而已。

3. 意义

邢云路的思想已经接近了近代天文学的大门，而他的思想正是在传统天文学的基础上发展而来的。这就证明，中国的传统天文学尽管与欧洲古典天文学不同，尽管有它自己内部的缺陷，但绝不是阻碍它本身向近代天文学发展的根本原因。而引进欧洲近代天文学促成了中国古代天文学体系向近代天文学转变，其中的根本原因在于中国和欧洲的社会历史条件各异。

（二）星图

1. 隆福寺藻井天文图

隆福寺藻井天文图
这幅位于隆福寺正觉殿藻井顶部的星象抄本是用传统盖天画法画在正八角形的藻井天花板上，现藏北京天文馆。

1977 年夏末，在拆除北京隆福寺残存建筑过程中，发现位于该寺正觉殿藻井顶部的明制天文图。

隆福寺位于北京原东四人民市场后院，建成于明景泰四年（1453）。

隆福寺天文图画在正觉殿藻井天花板上。板厚 4 厘米，板为边长 75.5 厘米的正八角形。板上裱糊着一层粗布为底衬，表面则施用油漆，基色深蓝。星象和有关联线以及宫次文字等，均采用沥粉、油漆、涂金、贴金等工艺手段。其中沥粉技术相当高超，使通过沥粉所表现的星象和文字不仅准确工整，而且非常完美传神。

图中以北天极为中心，用沥粉圈出半径不等的六个同心圆圈。

第一个圆圈（由内向外为序）即图上最小圆圈，半径为 15.8 厘米，表示范围内星象绕天极旋转时，在观测者所在纬度总不没入地平，亦即盖天图中的内规。

第二个圆圈为天球赤道，半径 47.5 厘米。

第三个圆圈为盖天图的外规，表示再往外的星象在观测地点看不见，它圈定了观测纬度星象可见的范围，半径为 80.5 厘米。

第四个圆圈半径为 82.9 厘米。在第三、四两个圆圈之间，标有二十八宿文字。

第五个圆圈半径为 86.3 厘米。在第四、五两个圆圈之间，标记宫次分野。宫次分野跨度大体上均分，仅个别有所出入，不完全相等。

第六个圆圈是天文图的外轮廓线，半径为 87 厘米，距木板边线 4 厘米。

天文图描绘观测者所在纬度能够看到的全天星象。画面除前面提及的几个坐标圈外，还有连接内外规，通过二十八宿距星的 28 条赤经线，但没有标出黄道。

透过长年香火熏燎的污黑涂层，还可以看出个别小楷细书的星名。画在天文图圆心的星，是属于北极座的天枢星（又名纽星）。据伊世同先生研究，天枢星和天球北极星最接近的年代约为公元 850 年。虽然在此前后几百年内都可近似地把天枢星当作北极星，但显然与明初所见之北极星不符。图中一些星座的形象和位置也都表明，天文图所依据的原始资料非当年实测数据，很可能是一份历代承传的古星图。

隆福寺藻井天文图画面现存星数 1420 颗，星数、星官部位都与《步天歌》吻合得相当好，应属于《步天歌》系统。它所依据的原件当然也不能超越"隋、唐之交"这一年代上限。

经过几个方面的初步分析，该图所依原件很可能是唐开元（或稍后）年间的作品。把隆福寺藻井天文图作为一幅更古老的星象抄本看待，有一很关键的背景因素不容忽略，即北京隆福寺是明代皇家两大香火院之一，完全有条件以大内秘宝为母本，经临摹而敬献于佛前。即或原件也是摹本，其抄转承传次数也应较外面流传的要少，该是一幅认真和可靠的作品。北京隆福寺藻井天文图在类似古星图中，图幅相当大（仅次于杭州吴越古墓石刻星图），星数很多（比苏州石刻天文图略少），星象联线遗留着某些古风（如八谷、造父等星座的象形联法），等等。

2. 常熟石刻天文图

江苏省常熟市文管会现存放一块明石刻天文图碑。碑石因年久风化，部分表面有损，但是，线条星点、十二辰次和分野以及部分星名还较清晰。

据王德昌先生等研究，《常熟石刻天文图》成于明朝正德元年（1506），原存于常熟邑学礼门东西两边，由杨子器所刻。计宗道于弘治十五年（1502）任常熟县令，正德元年重刻此图，该天文图碑高 2 米有余，宽 1 米左右，厚 24 厘米。此碑在外形大小以及上半部以北极为中心的星图和下半部的说明文字（即图跋）等方面，与《苏州石刻天文图》都很相似。上半部星图周围还有云霓四布，以资点缀。

整个星图以北极为中心投影有三个大小不同的同心圆，另外有一个与中圆斜交的圆。

小圆直径 18.4 厘米，由于中圆赤道离极 90°（古时为 91° 3'），不难算出小圆就是北纬 36°8′的地方所见环极附近常年不隐的星区范围。

和小圆同心代表赤道的中圆直径是 45 厘米，与它斜交的中圆直径为 44.5—45.0 厘米，代表黄道。

大圆的直径为 70.8 厘米，是可见范围的界限，在此大圆之外的星是常隐不见的。

三个同心圆的中心为赤极。今以勾陈一为极星。隋唐以北极第五星为极星，《宋史·天文志》《明史·天文志》及苏州石刻天文图等均如此。常熟图上之赤极在纽星与勾陈一之间，偏近前者。

黄道之极点为黄极。在常熟图上的，近靠五尚书，与实际黄极略有角距。

从星图平面上测量黄赤交角得近似值为 23°—25°，与实际黄赤交角基本上一致。

两个中圆相交的，为春分点和秋分点。介乎此两个点之间，在黄道上最北的一点为夏至点，最南的为冬至点。图上只标上秋分点和夏至点。

依照岁差推算出 1975、1506、1190 和 600 年的春分点和秋分点的实际位置，标在图上，分别与苏州天文图、常熟天文图作比较，可知常熟图的春分点基本上照刻《苏州石刻天文图》上的位置，与隋唐时代的春分点位置相仿；苏州图上以纽星为赤极，也取自隋唐。比较苏州图和常熟图，可以发现，秋分点位置偏差很大。这是由于在平面上两个半径相等圆的二交点相距不可能是 180°，因此，两个图上秋分点不准确是毫不奇怪的。这完全是由于投影方法所引起的，并非人为偏差。

在苏州图和常熟图上都有从小圆出发并由赤极向四方散射出的二十八条经线。它们应该通过二十八宿的距星。

常熟图和苏州图及《新仪象法要星图》都一样，二十八宿赤道宿度，完全抄用了宋元丰年间所测的结果。

《常熟石刻天文图》标有284座、1466星，其中紫微垣37座163星，太微垣20座78星，天市垣19座87星；东方七宿46座186星，北方七宿65座408星，西方七宿54座298星，南方七宿43座246星。（胃宿大陵多一星，鬼宿天记旁多一座一星，共多一座二星）

常熟天文图和苏州天文图都在星图的大圆外沿刻上十二辰、次和分野，两者内容完全一样。形式上稍有区别。

常熟天文图共订正苏州天文图20个星名，填补苏州天文图有星无名者共22处，有名无星者四处。常熟天文图订正《苏州石刻天文图》星数，其中苏州天文图28处星官少45颗，11处星官多星11颗，星官无故增加4座14星，星官无故减少5座6星。常熟天文图共284座1466星，故苏州天文图应为280座1433星。

苏州天文图中星名重复者有毕宿之"听"和"附耳"。星名和星点远离者有天市垣之"列肆"和室宿之"垒壁阵"，在常熟天文图中都作了更正。

苏州天文图中，某些不同星官间有线相连，这不合从古以来星图的习惯，常熟天文图作了大部分改正。

常熟天文图是仿照苏州天文图而刻制，并订正了苏州天文图的星位缺乱部分，但未改正岁差，星官名称基本依照《宋史·天文志》，另考甘石巫氏星经、星官连线等多数根据《新仪象法要星图》。

对常熟天文图的初步考察来看，虽然某些星官的位置准确度较低于苏州天文图，但此图仍不失为是《敦煌星图》《新仪象法要星图》和《苏州石刻天文图》之后的一幅重要星图。无疑，它在我国古天文历史上也占有不可忽视的地位。

3. 涵江天后宫星图

20世纪50年代，福建省莆田县（现为福建省莆田市）文化馆从本县涵江镇天后宫收集到明代星图一幅。据该馆报道，这幅明代星图为大型卷轴式画幅，残长 150 厘米、宽 90 厘米。中央绘星图，上下为文字说明。

星图以北极为中心，用墨线画三个同心圆，用红、黄线分别画两个相交的不同心圆。三个同心圆之中，内圆直径仅 3 厘米，周圈书写四卦、八干、十二支组成的二十四方位。中圆即内规，直径 17 厘米，表示星象绕天球北极旋转时不没入地平的范围，在圆周线旁注明"常现不隐图"。外圆即外规，直径 62 厘米，表示在观测点可见的空中最大限度，故在星图最下端南极老人星旁又注明"常隐不现界"。两个相交的不同心圆直径均为 35.7 厘米，交角为 24 度，圆心距北极同为 3.8 厘米，给人印象似乎是表示黄道和赤道。但是我国现存星图上所画的赤道多以北极为圆心，以内外规为等距离。像此图这样画赤道，还是第一次见到。

星图上还画 28 根经线，从拱极圈向四周辐射，间隔的宽度不等，分别等于二十八宿的距度。最宽的是井宿，有"三十度三十分余"，最窄的是觜宿，只有"半度二十五分余"。这种画法同苏州石刻天文图大体相同，但计度与苏州图不大一样，而与罗盘上的二十八宿计度基本一致。穿过参宿的一根经线特别突出地画了红色，上面还画着 188 短划，表示纬线。

在上述三个同心圆的外圆周围 2.5 厘米内，画有两圈长方形小格的刻度，内圈以墨线画 377 格，外圈以红线画 391 格。这既不同于我国传统的周天刻度 365 又四分之一度，也不同于西洋的 360 度。

星图上的星官，是仿照我国传统的三垣、二十八宿为主的画法。经初步核对统计，全图共画有 288 个星官，约 1400 颗星（模糊难辨的不计在内）。其中北斗七星和二十八宿主座特别用红色突出，其余的星

五、天文学

059

都画成黑圈白点。各星大小不同，表示星辰的视亮度。在星图最外围宽12厘米的周框内，以工笔重彩精绘九曜二十八宿神像，衬以云纹。

　　文字说明部分共分三大组。第一组在星图的上方，第二、三组在星图的下方。第一组的文字因残缺严重，无法校读。第二、三组的文字说明，分别用楷书和仿宋体书写，除右边头几行残缺外，其余尚完整。第二组的文字说明除中间一段列"四方、二十八宿"名称外，其余各段尚未查出其所本。从内容看大体分为三部分：第一部分是"太阳行度过宫"的歌诀；第二部分主要是"太阳躔度过度"的歌诀；第三部分则是说"中天紫微垣"各星官所处的方位。第三组的文字说明是针对二十八宿的。每段第一句叙述该宿的躔度，然后放空一格，接下基本照录《步天歌》原文。

　　根据这幅星图上王良——阁道之旁画出的一颗客星，表明绘制星图的年代上限当在万历年间。至于此图的年代下限，由于图中第二、三组的文字说明中，对孔丘的"丘"字和清康熙帝玄烨的"玄"字都不避讳，故大致可定为明末清初。从此图的绘画风格、颜色、纸张等进行鉴定，也可以认为是明末清初的作品。

　　这幅星图基本上继承了我国传统星图的画法。它和苏州石刻星图相比，有许多相同之处，如紫微垣部分、北斗形式、黄道、赤道以及某些星官的形状等。但是由于此图绘制于明末清初，也出现了西方传教士来华后所画星图的某些特点，如画出红标尺，用大小表示星等，用带毛的星来表示"气"，等等。

　　在我国古星图的发展史上，这幅星图补充了自宋至清的星图中的某些缺环，对有些星官的认证很有帮助。如增星，例如器府、东瓯、天庙等都已画出，而这些星在清康熙刻本《灵台仪象志》里却都找不到；神宫、傅说、鱼等星的位置关系，与已发现的自宋至清的其他星图画法有所变化；天渊、积府等星官的星数和联线保存了古星图的画法，而与清代星图里的画法迥然不同。所以，这幅星图是认证古代星官变迁的宝贵资料。

值得特别指出的是，这幅星图的中央即内圆，贴上了罗盘；图上关于28根经线及其距度的文字说明，也都和罗盘的外圈相一致。这无疑是象征航海时所使用的罗盘。图上内圆相当于罗盘的内圈，外圆相当于罗盘的外圈。这种画法在我国古代星图中还是首次见到。显然，这幅星图与航海有密切的关系。但它又不是实际应用于导航的，只作供奉用的。

（三）周述学与计时器

1. 水晶漏

周述学对计时器进行过大量研究，尤其是对沙漏的研究更为突出。其研究成果，在他的《神道大编历宗通议》一书中有详细记载。

周述学在《神道大编历宗通议》（以下简称《通议》）中记述了不少前人的计时器，有些内容是其他史籍上所未见的，白尚恕先生等认为，这对进一步研究我国古代计时器是有相当价值的。

关于"水晶漏"有一条人们熟知的记载："明太祖平元，司天监进水晶刻漏。中设二木偶人，能按时自击钲鼓。太祖以其无益而碎之。"在《通议》卷十七中不仅有进一步的记载，而且还有一幅非常珍贵的仪器图。现将文字记载抄录于下：

右水晶漏，元制，甚巧，我太祖毁之，失传已久矣。其浑仪周围二尺五寸强，中列十二龃龉，长八寸，以按十二时，龃龉在轮上转。触直使之手，则系鼓以报时。旁列百龃龉以按一日刻，触直符之手，则系钲以报刻。丁甲庙中有十二神骑十二属相，下共一轴，龃龉触其轴，一时一神立水上矣。

水适自混沌天池下吕梁，流中江以激浑仪之轮，至分水盲折入南北海，会于尾轮，注星宿海。黄河逆流，泻入混沌天池，而循环不穷矣。

根据该书中的图形和文字说明，我们能够大体上知道"水晶漏"的形制和结构。《通议》中关于水晶漏的图形的文字记载，为研究我国计时器史提供了珍贵资料。

2. 沙漏

明初詹希元设计制造的"五轮沙漏"在《明史》和《皇朝文衡》中有较详细的记载，在《通议》中也有所记载，其中最主要的是詹希元使用五轮沙漏的说明。《通议》说："沙倾斗运用以合天，若一轮拟之，则其势迫而动速，虽微窍约沙以缓之，与天道恒过千有余转，故不得不重其轮，以迟其进，至五加而后吻合。詹君体验可为悉矣。"又说："沙漏之制，国初新安詹君希元始创之，盖为冰渐窍室，漏莫能行，及以沙代，沙行太疾，未协天运，于斗轮之外复加四轮，轮有齿皆三十六，犬牙相入，递转益迟，思诚巧矣。"把这两段文字联系起来看，问题就清楚了。詹希元根据水晶漏使用时间长了发生"窍室"的弊病而改为以流沙为动力，借以消除"窍室"现象。他开始只用一个斗轮，结果轮子转得太快，于是不得不把漏沙孔弄小一些，但仍然有些快，在一天中指针比实际多转一千多转。于是詹希元又用增加传动齿轮的办法解决指针转速的问题。他进行了一系列实验，一直增加到五轮才获得成功。

沙漏

沙漏也叫沙钟，是一种用来测量时间的装置。通过沙子从上面的玻璃球穿过狭窄的管道流入底部玻璃球所需要的时间，对时间进行测量。

詹希元为了使沙漏的运转符合实际，缩小了漏沙孔和增加了变速轮。可是时间长了又产生了新问题，即北方多风，沙子易带尘土，因此"沙不经水汰，取而用之，阻塞十常八九"。针对这种情况，周述学认为："今欲沙之常流，则莫先扩窍，欲扩其窍，非增轮不可也。"他用大量时间研究"扩窍"和"增轮"问题，反复进行实验，前后设计了五套齿轮系统。

周述学试制了许多沙漏，目的是为了使其运转与实际相符合，采取的办法是首先扩大流沙孔，解决阻塞的问题。这样一来，运转速度就又比实际快，因而又设法减慢齿轮的运转速度，他在这个问题上的着眼点是加大全轮系的速比，通过增加大轮的齿数或齿轮的个数来达到这个目的。正因为如此，周述学设计的沙漏的速比都大于詹希元的五轮沙漏的速比，于是他最后选择了第五种方法。《明史·天文志》上说，周述学"微裕其窍，运行始与晷协"，这是改进的结果。

在《通议》中还记有"用沙漏凡例"九条，都是讲使用沙漏的注意事项。

周述学对沙漏的研究达到了很高的水平，除了铜人指时外，还有丸子报时装置，两者同装在一个更点楼中，这是詹希元五轮沙漏所没有的。以理推之，更点楼应在时刻盘之下，而丸子应放在时刻盘的边缘上，下面有直立口朝上（下面有底）的更筒。

3. "浑仪更漏"

在《通议》中还记有一种"浑仪更漏"。其中不仅有文字说明，而且还附有图形，从其构造来看，与历史上同类计时器有所不同，仪器上的某些装置在其他计时器上很少见。其结构和原理如下：

浑仪更漏呈方柜形状，底座为正方形，每边长一尺二寸，高三尺四寸有奇，分上下两部分：上部九寸有余，称为"地仪"；下部二尺有半，称为"水海"（或"水柜"）。地仪的上面中开大圆，直径略大于九寸，中间安装一直径为九寸的"浑球"。此浑球是一个小形天球仪，球面上有星座、黄、赤二道、上下规、二十八宿分界线，极轴与地仪上面成36度倾角（全圆周分为$365\frac{1}{4}$度），且上下各半。"南极"点处有个窍、"北极"点处有个凸起的"极管"（圆管状），长一寸、径二分。由两根"擎天柱"连接南北极的窍和极管支架着浑球。地仪的上面除有半个浑球露出外，还有辰刻半环、量天尺、时盘、阴阳旗、水则签、指南针等。这些装置"皆有所司"。量天尺就是古代的圭表，把它安装在计时器上是不多见的。时盘相当于现代的表盘，用以指示时刻，除沙漏上有这种装置外，我国其他计时器上在周述学的时代也没有。水则签是测试水位高低的装置，其下端有浮舟在水海的水面上，随水面的高低上下浮动，通过水则签上的刻度即知水位高低。

水海就是个水箱，里面装入适当数量的水，水面上有个大浮子，用线索与地轴相连，并将线索绕在轴上，使大浮子上的线索正好拉直。柜下侧有孔，水由此滴出，水位慢慢下降，浮子也便随之下降，同时线索带动地轴旋转，从而浑球就慢慢地转动。

在浑仪更漏旁有一特别的报时系统，叫"更橱"，由高二尺八寸的四柱子构成正方形的框，长、宽为一尺一寸五分，按高度分为四层，下层高六寸，二层高五寸，三层高一尺四寸，四层高三寸，上边顶盖，可以开合。正面（向南）二、三层有两扇小门。报时机构就在这小橱里。第二层置更筹，其中安装有溜槽、更筒、坠子、金钱、铅子、锣鼓等等，用以报时。报时方法有两种：一是用铅子鸣锣鼓；二是通过坠子推动金钱的小圈，小圈则推动金钱，"以行发筒鸣更"，可能是打击更筒发声，报告时间。

周述学把浑仪更漏与沙漏放在一起叙述，可能是为了配合沙漏，以互相核校。关于这个问题还需进一步探讨。但是，可以肯定地说浑仪更漏是我国计时器发展史上的重要成就之一，它的构造向近代机械钟又跨近了一步。

（四）航海天文——过洋牵星术

1. 过洋牵星图

明初，郑和下西洋所用的《郑和航海图》，是我国现存最古的海图，其中有许多牵星资料。

《郑和航海图》

《郑和航海图》是对于郑和下西洋航线的记录，按航行之先后顺序，由右至左绘成平行、不计方向的图卷。是世界上现存最早的航海图集。

《郑和航海图》见于明代茅元仪编辑的《武备志》一书卷二百四十。原图共24页，其中序1页，海图20页，过洋牵星图2页（4幅），空白1页，原名为"自宝船厂开船从龙关出水直达外国诸番图"。

《郑和航海图》绘有山形岸势、浅沙、礁岩；标明各国方位，停泊地点；画出航线，注明针路（航向）、更数（距离）等。海图中标牵星数据，附过洋牵星图，以测天定位，指导航行，是现代海图所没有的，这是《郑和航海图》的最大特点，显示了我国古代劳动人民的高度智慧和创造精神。《郑和航海图》中的牵星记载丰富、具体、准确。《郑和航海图》的20页海图中，有3页半载有牵星数据，加上2页（4幅）过洋牵星图，有牵星记载的共达5页半，占《郑和航海图》的四分之一。

据刘南威先生等研究，《郑和航海图》中有牵星记载的近70处。其中直接标在航线上的有16处；标在沿岸和岛屿上的有34处；标在过洋牵星图上的近30处（不包括图说明与图注文中重复的记载）。

航线上的牵星记载，有些只标牵星数据，如"在三指觜头山势去到六指二角直达那里寅上，又在六指二角内山"，"觜头也有十指，在十指山势去到十二指具实记落"；有些除标牵星数据外，还注针路和更数，表示要观星定位与罗经导航配合使用，如"在华盖星五指内去到北辰星四指，坐斗上山势，坐癸丑针，六十五更，船收葛儿得风"，"九指二角用丹辛针一百六十六更船收都里马新富"。航线上牵星使用的星辰有北辰、华盖、小斗和布司。

沿岸和岛屿上的牵星记载，比较完整，有地点、星名和指角数，是研究牵星术的重要资料。沿岸和岛屿上牵星使用的星辰仅北辰星和华盖星。

过洋牵星图中的牵星记载，其牵星数据直接注在星座图形的近旁，使人一目了然，牵星使用的星辰最多，除北辰和华盖外，还有灯笼骨、织女星、西北布司星、西南布司星、南门双星、北斗头双星、西南水平星、七星等。

2. 牵星术

早期的航海天文，只是利用日月星辰来辨别航行方向。《郑和航海图》的牵星记载，标志着我国元、明时代的航海天文已进入"观日月升坠，以辨东西；星斗高低，度量远近"的过洋牵星阶段，即进入以海上天文定位为特点的牵星术阶段。

牵星术就是观测星辰（主要是北极星）的海平高度（仰角），来测定海上船舶在南北方向上相对位置的一种方法。

《郑和航海图》的牵星记载，是研究牵星术的重要史料。在这些牵星记载中，主要包括了三个要素，即地名、星辰名称和星辰高度（"指"数）。其中对于星辰名称和"指"的含义考证还未深入，只有弄清星辰名称和"指"的含义，才能了解牵星术的全貌。

《郑和航海图》中记载的星辰有北辰、灯笼骨星、华盖、织女、南门双星、七星、北斗头双星、北辰星第一小星、西北布司星、西南布司星和小北斗等十二星辰。其中最主要的是观测北辰和灯笼骨星。在观测北辰不便时，也常用华盖星。

为了证认当时所用的星名，先要确定观测时间和确定北辰星和灯笼骨星。

确定了观测时间和北辰、灯笼骨星以后，利用后面定出的"指"所相当的角度，可以证认的其他星名为：华盖是小熊 β 和 γ，南门双星是半人马 α 和 β，七星为昴星团，西北布司星为双子 α 和 β，织女星为天琴 α。这些星辰都是易于辨认的，但地平高度变化很大，中天时刻不易确定，所以这些星只是为防止主要牵星用的星辰被云遮盖和认星确切而选作备用和参考的。

《郑和航海图》中的牵星"指"数，颇为准确，当是通过仪器观测获得的。观测所用仪器，可从关于"牵星板"的记载作出推断。明李诩（1505—1592）撰《戒庵老人漫笔》一书中载："苏州马怀德牵星板一副，十二片，乌木为之，自小渐大，大者长七寸余，标为一指、二指以至十二指，俱有细刻，若分寸然。又有象牙一块，长二寸，四角皆缺，上有半指、半角、一角、三角等字，颠倒相向，盖周髀算尺也。"

可见，牵星板是用乌木做成小方形板，共十二板，最大的一块每边长约24厘米（合明尺七寸七分强），为十二指；最小的一块，每边长约2厘米，为一指。

使用牵星板之方法，是观测者手臂伸向前方，手持牵星板，使板面与海面垂直，板下端引一定长之绳以固定板与观测者眼睛之间的距离，观测时，使板下边缘与海天交线相合，上边缘与所测天体相接，便得天体离海平面高度，单位是"指"，"指"以下单位是"角"，一指等于四角。"角"可从牵星板刻度读出，或用小象牙块量得。

四幅过洋牵星图除第一幅缺图名外，其余均有名称，图名之后有说明。

过洋牵星图在结构上是一水平长方框，分为东西南北四边，上北下南，左西右东。框内绘帆船航海上，框外绘牵星使用的星座图形和方位，星座旁有注文，标出星辰的名称和指数，有些还标出地名，牵星使用的那一颗或两颗星，还用直线连及框边，以便于使用。图说明和图注文大同小异，可互相补充。

通过对《过洋牵星图》的分析，可以看出我国的牵星术，其牵星使用星辰之众多，观测指角数据之准确，几个星辰并用之方法和过洋牵星仪器之应用都超过当时世界各国的水平。可以说牵星术是我国古代航海天文最重要的成就。

六

地

学

（一）王士性与地理学

1. 生平

王士性（1546—1598），字恒叔，号太初，又号元白道人，浙江临海人。万历五年（1577）进士，由确山知县征授礼科给事中，迁吏科给事中，出为四川参议，历太仆少卿，官终鸿胪卿。任官地区有北京、南京、河南、四川、广西、贵州、云南、山东等地。万历二十六年逝世。他幼而好学，诗文名天下。著有《五岳游草》12卷、《广游志》

王士性

王士性是临海城关人，人文地理学家。其著作有《广志绎》《五岳游草》《广游志》等。

2 卷、《广志绎》6 卷。

2.成就

据杨文衡先生研究,王士性在地理学上的成就主要有以下四项:

（1）自然区划

王士性在《五岳游草》卷十一"杂志"中,把当时中国东南部划分为 14 个自然区,并概述每个自然区的基本特点。这 14 个自然区分别为晋中、关中、蜀中、楚、江右、两广、闽、滇、贵竹、中原、山东、两浙、南都（今南京）、北都（今北京）。

王士性的这个自然区划跟《山海经》的"五方"和《禹贡》里的"九州"类似,都是以自然山川地形为依据,但划分得更详细、更合理,范围也更广。显著的差别有两点:第一,《禹贡》不涉及两广、闽、滇、贵州和两浙,地域不如王氏区划广;第二,王氏区划将《禹贡》的兖、豫、徐三州合并为中原,而把冀州分为北京与晋中,荆州分为楚、江右,这样处理,从地形上看更为合理。这说明王士性的自然区划比《山海经》和《禹贡》有明显的进步,是中国古代卓越的自然区划。

（2）山脉体系

山脉分布系列的概念,在我国出现很早。成书于战国时期的《禹贡》和《山海经》,都有山脉分布系列的概念。《禹贡》说的是四列山脉,即黄河北岸的赋山至碣石山;黄河南岸的西倾山至陪尾山;汉水流域的冢山至大别山;长江北岸的岷山至敷浅原（庐山）。这四列山系范围不很大,是山脉分布系列概念的初始阶段。《山海经》把中国山脉分布归纳为南、西、北、东、中五大系列,每个大系列中又有若干分支系列,如中山经有 12 个分支系列。《山海经》的地域范围比《禹贡》大,南边已到广东连州市以东之地直至南海,东边到浙江舟山群岛,南北都延伸了约纬度四度。

　　唐代开元年间，僧一行提出山河两戒说，即两大山系说；唐末五代
时，杨益在《撼龙经》中提出了四派说；宋代朱熹有中国三大龙说，即
三支山系说。

　　王士性在《五岳游草》卷十一中，在中国古代山系学说的基础上，
提出了一个详细的三大龙说。它使中国的山系学说不仅完整化和系统
化，而且有了新的发展。书中写道：

　　昆仑据地之中，四傍山麓，各入大荒外。入中国者，一东南支也。
其支又于塞外分三支，左支环鲁庭、阴山、贺兰，入山西起太行数千
里，出为医巫闾，度辽海而止，为北龙。中循西番，入趋岷山，沿岷江
左右，出江右者，包叙州而止。江左者北去趋关中、脉系大散关，左渭
右汉，中出为终南，太华，下秦山，起嵩高，右转荆山抱淮水，左落平

原千里，起太山入海为中龙。右支出吐蕃之西，下丽江，趋云南，绕霭益、贵竹、关岭而东去沅陵，分其一由武冈出湘江，西至武陵止。又分其一由桂林海阳山，过九嶷、衡山出湘江，东趋匡庐止。又分其一过庾岭，度草坪去黄山、天目、三吴止。过庾岭者，又分仙霞关至闽止。分衢为大盘山，右下括苍，左去为天台、四明，度海止。总为南龙。

这是中国古代最详细的山脉分布系列。稍后徐霞客虽有少量修正和补充，但大的格架没有动。

应该指出，王士性讲的山脉分布系列，跟现在地理学讲的山脉系列概念不完全相同。王士性划分山系的根据是"以水为断"，"惟问水则知山"。而现在地理学则是以地质构造、地质时代来划分山系，必须是同构造、同时代的才能说是同一山系。不过，古代的山系学说仍有它的积极作用和价值，它把复杂的山脉分布条理化、规律化，便于人们掌握。有些山系跟现在划分的山系几乎一致，更是难能可贵。

（3）区域地理思想

王士性的区域地理观念很强，善于抓各地的地理特点和区域差异。这方面的论述主要体现在他晚年写的地理笔记《广志绎》中。万历二十五年王士性为此书写了自序，未出版就去世了。后来由杨体元初刻于清顺治元年（1644），再刻于康熙十五年（1676）。这两个本子流传甚少，嘉庆二十二年（1817），临海宋世荦据杨刻本参酌传抄本重梓，收入《台州丛书》中。1981年中华书局出版吕景琳点校本。上海古籍出版社出版有周振鹤新标点，此书名为6卷，实际上只有5卷，因为第6卷"四夷辑"有目无书。5卷的篇目是：方舆崖略，两都，江北四省，江南诸省，西南诸省。

"方舆崖略"论述全国的地理情况。如历代疆域沿革，全国各地的赋税差别、物产差异，国家储备的地区差异，人才的地区差异，江、河水量的差异及其原因，全国边关分布及明朝的边备等。其中不少论述很精彩，如：

> 东南饶鱼盐、粳稻之利，中州、楚地饶渔，西南饶金银矿、宝石、文贝、琥珀、朱砂、水银，南饶犀、象、椒、苏，外国诸币帛，北饶牛、羊、马、骡、羢毡，西南川、贵、黔、粤饶梗楠大木。江南饶薪，取火于木；江北饶煤，取火于土。西北山高，陆行而无舟楫；东南泽广，舟行而鲜车马。海南人食鱼虾，北人厌其腥；塞北人食乳酪，南人恶其膻。河北人食胡葱、蒜、薤，江南畏其辛辣，而身自不觉。此皆水土积习，不能强同。

这段话从物产、交通工具、食俗三个方面来比较南北地区差异，并指出产生差异的原因是"水土积习，不能强同"。

又云：

> 江北山川夷旷，声名文物所发泄者不甚偏胜，江南山川盘郁，其融结偏厚处则科第为多。如浙之余姚、慈溪；闽之泉州；楚之黄州；蜀之内江、富顺；粤之全州、马平，每甲于他郡邑。然文人学士又不拘于科第处，尝不择地而生。……然世庙以来，则江南彬彬乎盛矣。

这里讲的是地区与文化的关系，以长江为分界线，江南、江北在文化方面有差别。江北的文化比较普及，江南则发展很不平衡。然而自明世宗以来，江南有了很大的发展。

又曰：

> 中国两大水，惟江、河横络腹背。河受山、陕、河南、半南直四省之水，江亦受川、湖、江西、半南直四省之水。河塞外，经五千里方入中国，甚远。而江近发源岷山。至入海处，河委于一淮而足，而江尾阔至数十里也。盖江、河所受之水，中以荆山为界。荆山以北，高燥涸，水脉入地数十丈，无所浸润。又大水入河，止汾、渭、洛三流耳，涑、

淮、沂、泗皆不甚大，又止夏月则雨溢水涨，故其流迅驶，而他月则入漕，故河尾狭。荆山以南，水泉斥卤，平于地面，时常涌泛不竭。又自塞外入水二，曰大渡河，曰丽江。自太湖千里延袤入者二，曰洞庭，曰彭蠡。自诸泽薮入者不计，曰七泽，曰巢湖，曰淮、扬诸湖之类，其来甚多，而雪消春涨，江首至没滟滪，高二十丈。江南四时有雨，淫潦不休，故其流迂缓而江尾阔，江惟缓而阔。又江南泥土黏，故江不移；河惟迅而狭，又河北沙土疏，故河善决。

这段论述，除"江源岷山"有误外，其余均符合客观实际。作者从流域面积、支流多少、雨量大小、土壤性质、气候、人文等六个方面论述江、河水量差异的原因，讲得很全面，论点也非常正确，是卓越的区域地理著作。

往下各篇分论各个地区的地理，仍然突出各地的地区差别。如："江南泥土，江北沙土，南土湿，北土燥，南稻，北宜黍、粟、麦、菽，天造地设，开辟已然，不可强也。"指出了江南、江北农作物不同的原因在于地理环境不同。

王士性在《广志绎》中还非常生动而准确地描述了贵州的地理特点：

贵州多洞壑，水皆穿山而过，则山之空洞可知……普安碧云洞为一州之壑，州之水无涓滴不趋洞中者，乃洞底有地道，隔山而出，洞中有仙人田，高下可数十畦……其地步步行山中，又多蛇、雾、雨，十二时天地暗晦，间三五日中一晴霁耳。然方晴倏雨，又不可期。故土人每出必披毡衫，背箬笠，手执竹枝，竹以驱蛇，笠以备雨也。谚云："天无三日晴，地无三尺平"。

此外，书中对各地的山水、物产、风俗、名胜古迹、宗教、少数民族、交通、采矿业等均有详略不等的记述。如云南的采矿业，书中的记

述非常真实:

> 采矿事惟滇为善。滇中矿硐,自国初开采至今以代赋税之缺,未尝
> 辍也。……其未成硐者,细民自挖掘之,一日仅足衣食一日之用,于法
> 无禁。其成硐者,某处出矿苗,其硐头领之,陈之官而准焉,则视硐大
> 小,召义夫若干人。义夫者,即采矿之人,惟硐头约束者也。……每日
> 义夫若干人入硐,至暮尽出硐中矿为堆,画其中为四聚瓜分之。一聚为
> 官课,则监官领煎之以解藩司者也;一聚为公费,则一切公私经费,硐
> 头领之以入簿支销者也;一聚为硐头自得之;一聚为义夫平分之。……
> 采矿若此,以补民间无名之需,荒政之备,未尝不善。

作者在这里讲了云南采矿业的历史、开采方式、组织形式、工人的微薄
收入、社会效益等,是记载云南矿业的较早文献,有较高的历史价值。
又是经济地理的重要内容。

(4)科学考察

王士性极喜旅游,"少怀向子平之志,足迹欲遍五岳"。长大成人
后,利用到各地做官的机会,顺道旅游,只有少数是专程旅游,总计有
17个省、市、自治区。他不仅实现了少年时"欲遍五岳"的志向,而
且足迹几乎走遍全国。游踪之广,与徐霞客不相上下,成为明朝著名的
旅行家。他把旅游各地的见闻,写成《五岳游草》和《广游志》。《广游
志》现在很难找到,具体内容不清楚。这里仅据《五岳游草》的内容来
评述他的旅游成就。

王士性虽然"少怀向子平之志",但真正的旅游生活是在他万历五
年中进士以后。尤其是万历九年至万历十九年这10年间,是他旅游的
高峰时期。他写的游记,虽然没有徐霞客的数量多,但文笔很好。潘末
称赞他是"下笔言语妙天下。兴寄高远,超然埃壒之外……如峨眉、太
和、白岳、点苍、鸡足诸名山,无不穷探极讨,一一著为图记,发为诗

歌，刻画意象，能使万里如在目前。盖天下之宦而能游，游而能载之文笔如先生者，古今亦无几人"(《五岳游草·序》)。

王士性的游记多历史典故，地理内容不如《徐霞客游记》那么突出和丰富。但有些地理描述也相当精彩。如：

蜀郡，其地在在有盐井，民居视水脉感处，掘坎如斗，深四、五百尺，以爪锥凿在土石，起之，用二竹大小相贯，吸水和土以煎。

所述"犍为有油井，其水见火即燃"。这是记载四川石油井的较早资料。

在《五岳游草》中，王士性还描述了在峨眉山时所见的佛光：

中午，一僧奔称佛光现，余亟就之。前山云如平地，一大圆相光起平云之上，如白虹锦跨山足。已而中现作宝镜空湛状，红、黄、紫、绿，五色晕其周。见己身相俨然一水墨影。时驺吏随立者百余人，余视无影也。彼百余人者亦各自见其影，摇首动指，自相呼应，而不见余影。余与元承亦皆两自见也。僧云，此为摄身光，茶顷光灭。已又复现复灭，至十现。此又奇之奇也。僧又出放光石为赠，石色如水晶，生六棱，从日隙照之，虹光反射。

这段描述，与南宋地理学家范成大的描述如出一辙，都是作者亲自体验的真实记录，有很高的历史价值。

（二）徐霞客和《徐霞客游记》

1. 考察的缘由

徐霞客（1587—1641）是明末毕生献身于祖国山河考察事业的一位杰出的旅行家和地理学家。他一生鄙视科举，不求名位，几乎有一半时间是在"问奇于名山大川"的旅途生活中度过的。他历尽艰辛，有时还要忍饥耐寒，冒生命危险，就是在这样的困难条件下，每天还要利用休息时间，坚持不懈地记录或整理旅途中的所见所闻。

徐霞客的先辈虽然曾任过官职，但是到徐霞客出生时，已经早离宦籍，并且家道中落。徐霞客 19 岁时丧父，家务就由重振家业的母亲承担。他的寡母素以"好蓺植，好纺绩"而闻名遐迩。徐霞客早期的壮游是在他母亲的积极支持下才得以筹划和实现的。她勉励儿子要"志在四方"，而不要成为"藩中雉、辕下驹"。在徐霞

徐霞客
徐霞客是明朝末地理学家、探险家、旅行家和文学家，与马可·波罗被分别誉为"东方游圣"和"西方游圣"。其代表作有《徐霞客游记》等。

客出游时，她总是为他整治行装，甚至"为制远游冠，以壮其行色"。她在逝世前，已近 80 高龄时，还要她儿子陪她游览荆溪句曲，用以坚定徐霞客的远游壮志。

徐霞客自幼酷爱舆地书籍，在童年学习时，就常常把山经地志一类的书籍放在经书下面偷偷阅读。不过，他并不满足于书本知识，他说："余髫年蓄五岳志。"在成年以后，虽然他致力于旅行考察事业，但并未放弃博览群书。他的族兄徐仲昭曾说他"性酷好奇书，客中见未见书，即囊无遗钱，亦解衣市之，自背负而归；今充栋盈箱，几比四库"（《徐霞客墓志铭》）。可见，他也是一位书本知识非常渊博的人。不过，他是有选择地读书，并不迷信书本，更反对盲目地抄袭书本。也正是因为他从书本中发现了许多问题，所以更激发了他从事旅行考察的决心。

他对当时流传的舆地书籍很不满意，认为"自记载来，俱囿于中国一方，未测浩衍"，又"云昔人志星官舆地，多以承袭附会"，以致"山

川面目，多为图经志籍所蒙"。

为了扩大地理视野，徐霞客抱着"穷九州内外"的宏愿，几乎跑遍了当时的两京十三省。他在浙江时听一位和尚谈云游日本事，很感兴趣，所以在他的旅行计划中，还"欲为昆仑海外之游，穷流沙而后返"。在云南时，他还计划往游缅甸，他从腾越的吴参戎处借到"三宣""六慰"地图，"一一抄录之，数日无暇刻"。"六慰"中有好几个宣慰司在今缅甸、老挝境内。这种放眼世界的雄心壮志，怎不令人钦佩！只可惜他先患足疾，后又身染重病，由滇西被护送东返，在抵家后的第二年，就赍志长眠，享年仅54岁（虚岁55岁）。

徐霞客留下的游记，内容非常丰富，可以称得上是一部地学百科全书。书中也反映出，徐霞客通过欣赏自然，观察自然，到探索自然奥秘，思想认识不断深化的过程。《徐霞客游记》中所述地理内容和明代一些舆地书籍比起来，在深度方面大为改观，不仅对前人的讹误作了很多修改，也作了一些补充；更可贵的是，还增加了许多类似今天的自然地理各分支方面的内容。就修改前人错误而言，可以黄山的高度为例，包括清人在内，都承袭旧说，认为天都峰居各峰之首，可是徐霞客根据自己的目测，认为莲花峰"独出诸峰上"，"即天都亦俯首矣"。这和今天的实测结果是一致的。他还提出"何江源短而河源长"的怀疑，否定了被视为金科玉律的"岷山导江"说，公然指出《尚书》内容的谬误，这种"以真理驳圣经，敢言前人所不敢言"的"离经叛道"精神，正是他那求实思想的鲜明反映。他在开阔地理视野与革新地理内容方面做了大量工作，并起到了榜样的作用。

2. 考察活动及其成果

徐兆奎先生将徐霞客的旅行考察工作，大体上分为两个阶段。第一阶段从万历三十五年到崇祯八年（1607—1635），由于家事牵扯，不能远离久别，所以出游时间较短，所游之处也都是交通方便的一些地方。出游目的是偏重于游览名山大川，带有"问奇访胜"的性质。第二阶段从崇祯九年到十三年，是他晚年长途跋涉、艰苦遐征时期，由浙、赣、湘、桂的平原、丘陵、山区，直到黔、滇的深山峻岭，甚至人迹罕到的荒僻地域。他不畏艰险，不怕牺牲，如果没有探索自然奥秘的决心和信念，是很难完成这样"不计程，亦不计年，旅泊岩栖，游行无碍"的壮游计划的。

前人说他的考察步骤是"先审视山脉如何去来，水脉如何分合，既得大势，然后一丘一壑，支搜节讨"。其探索精神曾赢得了许多人的称道，说他"期于必造其域，必穷其奥而后止"；说他"峰极危者，必跃而踞其巅；洞极邃者，必猿挂蛇行，穷其旁出之窦"（《徐霞客游记·序》）。这种寻根究底的精神，正是他取得第一手资料的首要条件。

徐霞客通过不断实践，用自己所掌握的第一手资料去否定前人的一些错误论点。除上面所引述的莲花峰高于天都峰外，他说雁宕山（雁荡山）雁湖之水"与大龙湫风马牛无及"，指出湘南三分石为潇、肖、沱三水的分水处，并非"一出广东，一出广西，一下九嶷为潇水，出湖广"（《徐霞客游记》，下引同）。这些都是很好的例证。诚然，他在论述水系分布方面也有不够精确之处，乃是由于他未能身历其境亲自踏勘的缘故，对此我们不应苛求。

他对于所接触到的一些事物和现象，往往能用近于或合于科学的道理来加以解释。他说天台山"岭角山花盛开，顶上反不吐色"，是由于"高寒所勒"。广西左、右江沿岸的美景是由于"江流击山，山削成壁"而形成的。他从福建宁洋溪与建溪的对比中，得出河流"程愈迫则流愈急"的合理结论。通过嵩山、华山与太和山的对照他发现"山谷川原，候同气异"的明显变化。他在云南保山附近采集到"石树"后，分析其形成原因时说："其外皆结肤为石，盖石膏日久凝胎而成。"他在云南编写的《鸡山志略》中谈到五台、峨眉以及鸡足等山的"放光瑞影"（即通常所称的"佛光"或"宝光"）一事，解释其成因时说，系由"川泽之气"所形成。所有这些，都是用自然界本身的道理来解释自然现象的。在近三个半世纪以前，徐霞客能作出这样合理的解释，确是难能可贵。当然，在徐霞客的思想中也还存在着唯心主义的成分，这在近现代科学家中尚且难以避免，对于古人则更不应多加责难了。

徐霞客从欣赏自然、观察自然到探索自然奥秘的思想变化过程，是随着认识的不断深化而逐步发展的。有的现象，起初他感到新奇而引起重视，后来联系其他现象，进行观察与对比研究，终于领会了其中的一些道理。例如，他在鸡足山看到上射三丈的人工喷泉，认为是"有崖高三丈余，水从崖坠，以锡管承之，承处高三丈，故倒射而出亦如之"。这就是今天所说的连通管原理。他以此解释喷泉成因是正确的。但从感性认识上升到理性认识，却经历了一个漫长的观察思考过程。最初，他在南京一个店肆中看到喷水上冲圆球的小玩具，引起他的注意；后在雁宕山听到双剑池有泄气孔，水不涌起的消息；直到这次所见，联系前两次的见闻，才了解其中的原因，并作出合理的解释。徐霞客正是这样带着问题，在旅程中不断观察思索与进行总结的。

他在野外还采集了一些岩石与植物标本。例如，他在保山的水帘洞采集了前面所提到的"石树"，在大理峡蝶泉，看到引诱蝴蝶的花树，"乃折其枝，图其叶而后行"。后来，他因病返归故里后，卧床"不能肃客，惟置怪石于榻前，摩挲相对，不问家事"，说明他只要一息尚存，就从不放弃自己的探索与研究工作，表现出献身于科学事业的顽强斗志与高尚情操。

（三）测量与绘图

1. 地形测量

我国古代劳动人民建造了很多举世闻名的浩大工程，如万里长城、大运河、北京城等。这些工程施工时都需有各种测量工具为之前导，沈康身先生曾作过详细研究。

（1）量长度

量远距离长度工具有测绳、步车等。

测绳用有刻度标记的绳量地面上两点间距离，起源当很早。明程大位《算法统宗》卷三"丈量田地总歌"就说："古者量田较阔长，全凭绳尺以牵量。"

步车原理与今卷尺相同，"步车"在《算法统宗》卷三"方田"章有图，并附制造说明。当时地面长度单位规定"丈量之法以五尺为一步。步下五寸为（作）一分，一寸为二厘"。尺是竹篾制作的。我国是盛产竹的国家，而竹制器具更是我国特产。"择嫩竹，竹节平直者。接头处用铜丝扎住，……篾上用明油油之，虽污泥可洗。"刻度方法是："篾上逐寸写字，每寸为二厘，二寸为四厘，……不必厘字。五寸为一分，自一分至九分俱用分字，五尺为一步。"卷尺长，"依次增至二十步以上，或四十步以下可止"。

尺架、尺套的制作法原刊装配图及零件图都已模糊不清，但制造说明还可读通，其零件如曲尺杆、十字架子、尺套图已据说明重绘，图中说明都从原作。唐宋传下来的水准用具到明代仍广泛使用。明《新编鲁班营造正式》是一本流传在木工中的技术教科书。卷一"断水平法"一段有图有文。当时劳动人民体会到这种水平仪器的理论根据是"俗云，水从平则止"。水准器的制作法，此处已略给简装。

定性用水准仪，远距离水准测量要求测得前后两点间高差。水准测量有时只能用来定性，即检查地面上点是否在同一水平面上。这种定性用的水准仪在《营造法式》卷三中有所谓"真尺"的记载，真尺的底紧靠地面，如地面已水平，则铅垂线与真尺中心线相合。真尺在《新编鲁班营造正式》中也有论述："凡创造屋宇，必须用坦平地基，然后随大小阔狭安磉平正……用一件木长短在四五尺内，用曲尺端正两边……上系线垂下吊云坠，则为平。"

（2）间接测量

利用"全等三角形对应边相等""相似三角形对应边成比例"的知识作间接测量，即以直接量出的长度推算出长度（高度）未知的距离，这在各国科技发展史中都能找到例子，而这种推算方法至今（如三角高程测量中）仍有广泛应用。

2. 纬度测量

明代中叶以后，西方的文化不断地（有时甚至是大量地）传入我国。在这种历史背景下，传统的地图测绘方法，一方面继续沿其传统的方式发展；另一方面，又渗入了一些西方的科学技术内容，成为中、西方的方法并用的态势。

唐代进行纬度测量时，用的是圭表之法。但因"表短则分秒难明，表长则影虚而淡。郭守敬所以立四丈之表，用影符以取之也。日体甚大，竖表所测者日体上边之影，横表所测者日体下边之影，皆非中心之数，郭守敬所以于表端架横梁以测之也，其术可谓善矣"。但是，用这种仪器测量纬度，也有不足之处，"影符止可去虚淡之弊，而非其本"，故"必须正其表焉，平其圭焉，均其度焉，三者缺一不可以得影。三者得矣，而人心有粗细，目力有利钝，任事有诚伪，不可不择也"（《明史·天文志》）。徐光启可能已经认识到古代测量仪器的简陋和测量方法的落后已成了测绘事业继续发展的主要障碍，于是决定引进西方的先进技术，以为测量经纬度所用。崇祯二年（1629）他主持的北京、南京等地的纬度测量，就采用了西方的技术。所得 15 处地方的地理纬度，除北京、南京、南昌、广州四处经过了实测外，其余 11 个省的布政司所在地，都是根据地图推算出来的。

3.《郑和航海图》

明代记述海防的图籍大量增加。收在《金声玉振集》里的《海道经》中的《海道指南图》，是我们现在看到的比较早的海道图。《自宝船厂开船从龙江关出水直抵外国诸番图》（即《郑和航海图》）、卢镗的《浙海图》等，都很负盛名。特别是一长卷的《郑和航海图》，不但范围大、地名多，而且还相当详细地注出了针位和航路，有很高的实用价值。《郑和航海图》虽不是最早的，也应该承认它是最完备的。它在海图发展史上占有重要地位。

郑和受明成祖朱棣的派遣，从 1405 年到 1433 年，先后七下西洋，最远到达非洲东岸肯雅的慢八撒。现在看到的《郑和航海图》是 17 世纪 20 年代茅元仪编纂的《武备志》第 240 卷中的附图。图上记载的地名计 500 多个。15 世纪以前，我国记载亚非两洲的地理图籍，在地名方面以《郑和航海图》最为丰富。图上注出航线的"针位"、计算距离的"更数"和使用的牵星术等。如果与现代地图对比，可以看出《郑和航海图》是比较正确的。在 15 世纪的世界地图中，像这样一部伟大的作品，还是少有的。由于《郑和航海图》绘有针路，在我国古代地图分类中故有"针路图"的别称。

4. 杨子器的《地理图》

旅顺博物馆收藏的一幅明代彩色绘本地图，纵 164 厘米，横 180 厘米。图的范围，东北至塔山、忽八一带，北至苏温、乌涂一带，西北至哈烈、哈密一带，南达南海。由于年代较久，图的彩色消退得较为严重，个别地方原迹已模糊不清。图的下方，附有都司卫所的名称、凡例和杨子器的跋。原图没有图名。据《海虞文征》卷十五"地理图"跋等史料，此图当称《地理图》。

经郑锡煌先生详细检阅《地理图》之后，得知图中所示地名包括：两京（北京、南京），各省的省会（即布政使司和都指挥使司同治的地方），府、州、县、卫、所，以及宣慰、宣抚、安抚、招讨、长官等各级土司和土府州县地名，总数达1600多个。其中，建置较晚的有郧阳府、寻甸府、宁羌州，以及靖江、淅川、商城、南召、伊阳、山阳、白河、商南、桐柏、饶平、永定、安居、东乡、安义等县。在这些新建置的府、州、县中，除江西南康府的安义县是杨子器去世后建置的以外，其余均为他生前建置的，以于正德七年建置的东乡为最晚。据此可以推定，现存此图绘制时间的上限是正德七年（1512）。又据《国朝献征录》《国朝京省分郡人物考》的记载，杨子器卒于正德八年十二月（1513年12月）。《地理图》中杨子器跋的写作时间最迟不会晚于他去世的时间，所以下限可以定为1513年。这样，此图的绘制时间当在公元1512—1513年间。

图的左下方为"凡例"（即图例）。"凡例"末尾注有"嘉靖五年岁次丙戌春二月吉"字样，表明"凡例"系嘉靖五年所写。图中杨子器去世后第五年即正德十三年建置的安义县，可能是在书写"凡例"前增入的。

此图的正下方有杨子器的题跋，如跋文所说，杨子器在绘制本图过程中，间常参考《大明一统志》，图中内容的取舍、详略，与其他地图有所不同。此图有以下特点：

第一，内容比较丰富，图上的行政区名较为翔实。此图中标注了名称的行政区名总计 1600 多个，行政单位最低一级是所。府、州、县的相对位置多数较为准确。标注了名称的山脉 500 多座。标注了名称的河流不多，但是，江河水道却绘得比较详细。

第二，水系比较完整。除黄河、长江、珠江等几大水系绘得比较详细以外，其他江河亦尽可能予以绘出。对一些重要的河道，大多标出了源头，如"桑干河源""嘉陵江源"等。尤其值得指出的是，黄河源和长江源较现存明代以前的其他地图都绘制得更正确一些。《地理图》的绘制者把从西南方向流入星宿海的卡日曲绘作黄河源。对长江源的表示亦有所突破。细查长江上游各支流的位置后不难看出，图中标注"江源"的那条河流正是金沙江。在同一水系中，如果取上游最长的那条河流作为正源的话，毫无疑义，图中的金沙江正是长江的江源。这个认识较现存明代以前的其他地图前进了一大步。

第三，图形轮廓大体正确。《地理图》中江河的位置，海岸线的形状，均已接近今图。虽然朝鲜半岛、辽东半岛的形状画得稍差，与《大明一统之图》有些相仿，但在江河的位置、形状和山东半岛以南的海岸轮廓方面，却比《大明一统之图》画得正确而且详细。安南以西的海岸线虽然画得很不准确，但是图中记载的岛屿、夷邦，却为《大明一统之图》所没有。由此可见，《地理图》的绘制者可能还参考过《大明一统之图》以外的其他绘制得较为正确的地图。

第四，系统地使用符号图例。图中用来表示山脉、河流、湖泊、海洋、岛屿、名胜古迹，以及行政区名级别高低的图例符号，共有 20 余种。图例符号与其所表示的内容比较协调，把科学性和艺术性融合在一起。图中用写景着色的山峰表示山脉，山名标注在山体的下方。湖泊用闭合线圈加绘波纹表示，湖名标注在线圈里。行政区名级别的高低分别用圆、方、框等多种符号表示，地名标注在符号里。河流用双线着色表示。岛屿用着色的山峰表示，唯我国台湾、崇明，及日本等岛用圆圈表示。尽管图中台湾的形状与实际情况出入很大，但其地理位置还是绘置得比较正确的。

过去发表的论著大多认为，我国古代地图系统地使用图例符号始于罗洪先的《广舆图》。其实，《地理图》中使用的图例符号也有 20 余种，与罗洪先的地图不相上下，而《地理图》的成图时间却比《广舆图》早许多年。

第五，有统一的比例尺。计里画方是我国古代地图的传统画法。从图中每方折地多少里，可以算出它使用的比例尺的大小。虽然《地理图》没有画方，但是，从图中的海岸线轮廓基本正确，河流位置及其形状大体符合实际情况，府州县的相对位置大部分比较准确来看，《地理图》是按一定的方位和比例尺绘制的。如果把北京—武汉—广州联成一线，可以看出，此线以东大体上是按 1∶1800 000—1∶1900 000 万的比例尺绘制的；线以西大体上是按 1∶1500 000—1∶1600 000 的比例尺绘制的，平均值约为 1∶1760 000。大体上仍沿用过去一寸折地百里的比例尺。

5. 罗洪先和《广舆图》

罗洪先（1504—1564），别号罗念庵，字达夫，江西吉水人。据《明史》记载："洪先……考图观史，自天文、地志、礼乐、典章、河渠、边塞、战阵、攻守，下逮阴阳算数，靡不精研。"可见他对天文、地理等颇有研究。他用画方的方法把"舆地图"简缩为分幅的地图册，取名《广舆图》。此图成于 1541 年前后。他在序言中写道："访求三年，偶得元人朱思本图。其图有计里画方之法，而形实自是可据。从而分合，东西相侔，不至背舛；于是悉所见闻，增其未备，因广其图至于数十。……按朱图长广七尺，不便卷舒，今据画方，易以编简。……

作舆地总图一；……作两直隶、十三布政司图十六；……作九边图十一；……作洮河、松潘、虔镇、麻阳诸边图五；……作黄河图三；……作漕河图三；……作海运图二；……作朝鲜、朔漠、安南、西域图四，终焉。凡沿革附丽，统驭更互，难以旁缀者，各为副图六十八。山川城邑，名状交错，书不尽言，易以省文二十有四。"《广舆图》中既有根据"舆地图"改绘的地图（如两直隶、十三布政司图等），也有罗洪先增广的地图（如九边图、黄河图、海运图等）。罗图包括的区域范围比"舆地图"为大。

罗洪先用画方之法，把长广各七尺的朱图，分绘为可以刊印成书的44幅小图。《广舆图》集多方面的地图于同一图集之中，成为早期的分省地图集。各行省的图形轮廓与今图大致相去不远。

元末明初，朱思本的"舆地图"仅以摹本或碑刻的形式在民间流传。如果没有罗洪先把它增订为《广舆图》并不断刊行的话，恐怕朱思本的工作会随着"舆地图"的散失而被埋没。《广舆图》于1555年刊行后，对朱图的传播、推广起了重要的作用。后来的一些制图学家，在绘制地图时多以罗洪先的《广舆图》为主要蓝本，影响所及，直至清代。

据学者们研究，《广舆图》曾多次再版刊行。据《明刻九边图》第61—117页的边图与国家图书馆的嘉靖本对照，二图的面码、内容完全相同，唯刻迹稍有差异，由此推测这二图的刻版时间可能比较接近。而"明刻九江图"后面注有"嘉靖戊午南京十三道监察御史重刊"等字，此图成于嘉靖戊午年（1558）已成定论，由此推知北京图书馆的嘉靖本，应是1558年前刻的，甚至可能是初刻本。据说旅顺博物馆过去保存的1555年的《广舆图》影印本，与北京图书馆嘉靖本的刻迹相同，可能同出一版。嘉靖三十七年（1558）版的《广舆图》，增加了东南海夷总图；嘉靖四十年胡松翻刻时增加了日本、琉球二图；嘉靖四十五年韩君恩再次翻刻时又增加了桂萼的《舆图记叙》、许论的《九边图说》；万历七年（1579）钱岱翻刻的万历本稍加增补一些内容；最后一版是在嘉庆四年（1799）翻刻万历本的刻本，此版常有删去嘉庆四年章学濂的识语者，以其冒充万历本。

地理学家李泽民和僧清浚绘有《声教广被图》和《混一疆理图》。这两幅图于1399年被一位来华的朝鲜使节金士衡带回朝鲜，1402年朝鲜的李荟等把它拼合为《混一疆理历代国都之图》。日本保存着此图的一幅1500年左右的复本。

（四）商编路程图记

1. 概况

明代，各种体裁的地志日益增多。在国内交通方面，商人编纂的路程图记是一种具有较高史料价值的图记。

据杨正泰先生研究，现存商编路程图记，有《明一统路程图记》（明隆庆四年黄汴撰），又名《图注水陆路程图》《新刻水陆路程便览》《士商必要》；《天下路程图引》（明天启六年澹漪子编），又名《士商要览》；《新刻京本华夷风物商程一览》（残本题陶承庆增辑）；《士庶备览》《天下四民利用便观五车拔锦》《天下四民三台万用正宗》《天下民家便用万锦全书》《水陆路程》《新安原版士商类要》等。

2. 学术价值

与其他地志和地图相比，商编路程图记的特点和学术价值主要是：

第一，商编路程图记以记载地名、里程为主，汇集了大量路引和小地名，为研究明代水陆交通路线提供了丰富的史料。明代史籍中，按行政区划记载驿站的政书和地志并不少见，以水陆交通路线为纲记述各地行程的图记却极为稀少。间或有之，或只记驿路，不载商路；或散见于各种地志中，难窥全豹；或局限于某一地区，未编成专书。商编路程图记则将遍布于全国各地的主要驿路和商路汇于一书，又将干线和支路条分缕析，编排组合，一览之余，水陆交通路线尽收眼底。《明一统路程图记》收集水陆路线143条，除二京至十三省驿路外，另收水陆路引127条。《一统路程图引》收路引100条，其中绝大多数为商路，这些商路同是国内交通路线的重要组成部分。商编路程图记对于复原驿路以外的交通路线，考证起旱和换船的码头，反映客货水陆联运的情况，具体计算水陆里程，克服依据驿站定点绘制水陆路线的片面性，有很高的参考价值。总之，商编路程图记较单记驿路的专书更能反映明代时期水陆交通路线的全貌，这是其主要学术价值所在。

有的图记还保留了明初通往关外和安南的路引，如"北京至会州、富峪、大宁三卫旧址路""北京至兴州中屯卫旧址路""北京至旧大宁都司路""广东至安南水陆"等，皆是研究明初交通路线的重要资料。

有的图记还辑录了许多用地名编成的诗歌。如《水程捷要歌》云徽州至杭州的水程：

一自渔梁坝，百里至街口，八十淳安县，茶园六十有，

九十严州府，钓台桐庐守，樟梓关富阳，三浙垅江口，

徽郡至杭州，水程六百走。

又如《水姑持要歌》云长沙至武昌的行程：

长沙一站到彤关，清州荣田磊石山，

鹿角城陵矶下水，鸭南茅埠石头关，

嘉鱼赣州金口驿，黄鹤楼前咫尺前。

这类诗歌在其他的地志中也是不多见的。

第二，商编路程图记的路引虽多数来自流传于民间的各种程图，但由于收集资料的着眼点不同，编纂者对与己关系密切的路引，收集最为

齐全，校勘亦最仔细。路引集中的区域，一在商业城镇周围，二在编纂者家乡附近，三在风景名胜地区。例如：《明一统路程图记》收徽州地区路引十分齐全，卷八载长江以南陆路路引23条，徽州一府多达9条，占全卷三分之一强，为长江以南各府第一；卷七载长江以南水路路引39条，徽州府境多山，水运并不发达，亦收路引5条，这显然与作者乡里在徽州有关。明代徽商的活动地点，首推南京、苏州、扬州，他如仪真、淮安、临清、松江、汉口、芜湖等地，皆为徽商云集之处，有关路引在书中所占比例亦重。根据这一特点，可以推断明代时期商人的活动地域和货物流向。例如：闽商之中，海商多交通日本、琉球、吕宋、菲律宾等地，贩运生丝、瓷器、铁器、糖和纺织物等。这些物产部分出自福建，部分来自他省。

第三，商编路程图记记载的食宿、物产、气候及风俗民情、社会治安等资料，也很珍贵。例如浙江湖州府四门各有至双林、平湖、德清、宜兴和杭州的夜船，证实了"苏州以南，昼夜船行不息"的交通盛况；又如苏松二府间有水路支线15条，反映了这一地区水上运输的发达。这些资料皆为研究明代长江三角洲经济的罕见史料。又如明嘉、隆年间，黄河在徐、沛之间频频决口，运道多变，一般水利专书载之过简。此外，明代浙江潮侯、部分河运干线通航里程、江浙牙行特点，以及对秦汉陈仓道和五丁峡的考证，均有一定参考价值。

第四，商编路程图记摆脱了传统地理图志的编纂格局，在体裁上有所创新。这类图记内容详略分明，与商旅有关者悉载无遗，无关者很少涉及。排列格式也与一般地志不同，水陆干线的地名用醒目大字，支线路引、二地里距以及附注文字则用双行小字，主次有别，条理清晰，便于读者查找地名和判断方位。其卷首间或有图，卷末偶尔附诗，名胜古迹、神话传说、方言谚语、土宜物货亦略有所记，帮助商旅了解地方风俗。而且文字通俗，语言简练，卷帙不多，便于携带，适合商旅路途中使用。这种体裁经过提炼，遂演变为近代的交通指南。

（五）水利著作与水利人物

1. 水利著作

由于我国幅员广阔，河流众多，各流域特点不同，分门别类的著作也远远超过前代。据姚汉源先生等研究，系统汇编的水利文献资料、水利管理专书以及水利图说的大量出现成为明代水利文献的一个特点。

（1）河防专著

明代关于黄河治理的著作，在现存水利著作中所占比例最大，内容丰富。可分为河源论述、治河总论及策要、河官档案、奏疏奏稿、河工技术和图说等几类。

明代治黄著作以成化年间车玺撰《治河总考》最早（已佚），嘉靖十二年（1533）吴山重新编辑成《治河通考》10卷，汇集河源考、历代决河、治河议论、事迹、职官等内容。嘉靖十四年刘天和任总理河道大臣，总结治河实践经验，著《问水集》6卷。万历初年万恭任总河，将其治水经验、方法撰写成《治水筌蹄》一书，明确提出以水冲沙之说。万历十八年（1590）潘季驯著《河防一览》14卷，收录了他四任总河的经验总结、治河基本措施，并收录有代表性的奏疏41道。潘季驯以后，明代尚有朱国盛的《南河志》，记述其治河经验，资料较好。

《治水筌蹄》 作者万恭，于隆庆末万历初任总河期间，将其治水经验、方法，结合前人理论，以札记方式记录成书，共148篇，论及黄河、运河和其他。他首先提出治河的关键在泥沙，并可以用黄河本身水量冲沙；汛前筑矮堤可滞洪拦沙，并指出建立报汛制度的重要等。

《河防一览》 万历十八年成书，收录了作者潘季驯四任总河的治

《河防一览》局部图

《河防一览》是我国古代最重要的河工专著之一。

河经验、基本指导思想和主要施工措施，包括治河奏议、修守事宜等共14卷。系统地阐明"以河治河、以水攻沙"的治河主张，提出了加强堤防修守的完整制度和措施。早在万历八年，潘季驯的僚属曾把当时的河工奏疏和别人对潘氏的赠言汇编成集，名"宸断大工录"共10卷，后经潘季驯自己重编、增补成为本书。潘季驯治河奏疏共有200余道，收在《总理河漕奏疏》一书中，其中重要的已选入《河防一览》（共41道）。汪胡桢等以乾隆本点校重印，收入《中国水利珍本丛书》。

有关治河大臣的奏疏文集　明代关于治河大臣奏稿类书籍数量也不少。明代潘季驯《总理河漕奏疏》一书14卷，汇集了潘氏主要的治河奏报，集中反映了他的治河思想，对治河工程和治河技术也有些具体描述。此外，四库全书著录存目的还有首任总理河道侍郎王恕的《王端毅公奏议》及《王介庵奏稿》，王以旂《治河奏议》4卷，李颐《奏议》，曹时骋《治河奏疏》1卷，崇祯间李若星《总河奏议》4卷，周堪赓《治河奏疏》等。

治河工程图说有万历十八年潘季驯《河防一览图卷》，另有《黄河运河图卷》。

（2）运河著作

明代记述运河书籍主要有王琼《漕河图志》，是现存最早的京杭运河专志。嘉靖间吴仲的《通惠河志》，记载了北京至通州间运河的改建。万历间谢肇淛的《北河纪》，专论山东以北的运河，资料详备。明游季勋等人的《新河成疏》1卷记载开挖南阳新河工程。有王以旂《漕河奏议》4卷。李化龙《治河奏疏》4卷中记载了开泇运河事。万历间周云龙著《漕河一观》5卷。王献《胶莱新河议》是记载开胶莱新河的专著。

有关海运书籍，现存的有从《永乐大典》中辑出的《大元海运记》2卷，详细记载元代岁运粮数、粮耗则例、运费、水程、记标等，并附有元危素撰写的《元海运志》及附录7种，都十分珍贵。王宗沐《海运详考》1卷、《海运志》2卷，梁梦龙《海运新考》3卷，明代崔旦《海运篇》2卷等。明末清初罢海运，著作很少。

关于漕政书籍，明代杨宏撰《漕运通志》10卷，嘉靖四年成书。王在晋《通漕类编》9卷。明正德间邵宝撰《漕政举要录》18卷，有关漕政资料比较全面。另有张鸣凤《漕书》1卷、曹溶《明漕运志》以及万历十五年周梦旸《水部备考》等。

有关运河图籍，明代以《漕河图志》的收录为最早最具体。郑若曾著《海运图说》1卷，标有海运路线。

《漕河图志》　王琼撰，明弘治九年（1496）成书，共8卷。王琼弘治时任管理河道的工部郎中三年，其间见到总理河道侍郎王恕所编

《漕河通志》14卷（今已佚），因其书不多见，便依其体例，增减史料，重新编排，定名《漕河图志》。书中以两卷篇幅详细绘出通州至仪真段京杭运河全图，记载了沿河闸坝、湖河、浅铺、济运诸泉等，对各地军卫管辖范围、历代漕运兴衰、各项管理制度有较详记载，还收录了永乐十年至弘治六年（1412—1493）有关运河的奏议，元以来的碑记。最后对当时漕政管理制度有全面记叙。保留了明前期大量原始资料，是研究京杭运河前期工程技术史不可多得的资料。

《北河纪》及续编　　明谢肇淛著，万历四十二年（1614）成书，共 8 卷，是记载山东至天津段京杭运河的专著。当时黄河决口泛滥常侵扰运河，航运与防洪矛盾尖锐。此书为作者视察山东张秋运河所作，记载运河水源、工程、河政及历代治河利病，书后附《纪余》4 卷。本书是了解明代运河的权威性著作。38 年后，即清顺治九年（1652），阎廷谟续编《北河续纪》8 卷，仿前书体例，分为河程、河源、河政、河议、河工等。这反映出当时对"北河"航运的重视。

《漕运通志》　　明嘉靖四年（1525）成书，共 10 卷。作者杨宏，字希仁，嘉靖初年以指挥使署都督同知总管江北漕运。因感到旧有漕运志比较简略，便与谢纯合辑此书。卷一至二介绍运河水源、闸坝工程沿革；卷三漕职，介绍各级官员；卷四漕卒；卷五漕船，介绍其数量、规格及工匠情况；卷六漕仓，介绍京通及各地漕仓；卷七漕数，是全年要求运量；卷八漕例，收集永乐二年至嘉靖三年漕运实例；卷九漕议，选择了汉元光年间至明嘉靖四年间的重要议论；卷十漕文，介绍有关运河文字及碑刻资料。

《通惠河志》　　明嘉靖七年成书，共 2 卷。作者吴仲，字亚甫。嘉靖六年（1527）以御史巡按直隶，因通惠河湮废，漕粮由陆运进京而多次奏请疏浚河道。第二年对沿河闸坝进行改造，实行剥运制，使漕运通畅。吴仲离任前，特撰此书上奏朝廷，希望成为定制。上卷载通惠河源委图及考略、闸坝建置、修河经用，夫役沿革等；下卷收入有关部门历次奏议及碑记诗文等。

《潞水客谈》 成书于万历三年（1575），徐贞明著，是畿辅水利的重要代表著作。作者认为经国大计中以发展西北水利最紧迫，而首先要在海河流域试点。他针对海河多洪水的特点，在从事海河灌溉论证的同时，强调指出"水聚之则为害，散之则为利"，主张在海河上游开渠灌溉，下游开支河分泄洪水，低洼淀泊留以蓄水，淀泊周围开辟圩田，则水利兴而水害除。书中详细分析了发展海河水利的14条好处，分析了大规模兴修水利中可能遇到的困难和问题。从流域水利规划角度把握农田水利建设，比前人进了一步。

（3）太湖专著

弘治年间姚文灏撰《浙西水利书》3卷，汇集前代各项治理意见，并都有自己的评论和取舍。伍余福撰《三吴水利论》1卷。沈㳒著《吴江水考》，内容分为10考。清光绪年间黄象曦另增辑5卷，附篇2卷。王圻撰《东吴水利考》10卷，对苏州、松江、常州、镇江水利均有考证。张内蕴、周大韶合撰《三吴水考》16卷，对水道、水官、议疏、水田等逐一考证，较为详赅。张国维《吴中水利书》28卷，成书于崇祯十二年（1639）。归有光《三吴水利录》4卷，收入前人治理意见7篇，自己撰写的水利论2篇，附有三江图。

（4）海塘工程专著

明万历十五年（1587）仇俊卿纂的《海塘录》8卷是现存较早的专著，只是内容过于简略。

2. 主要水利人物

明代水利工程的发展不仅推动了治水理论的发展，产生了一大批论著，而且也造就了一大批从事水利工程的专家，其中有行政管理官员，有工程技术人员，有从事规划和理论研究的专家。其中，最为引人注目的有宋礼、潘季驯、万恭和徐贞明等。

宋礼　字大本，河南永宁（今洛宁）人。明永乐二年（1404）任工部尚书，九年受命重浚会通河。当时已迁都北京，而京杭运河的济宁至临清河段，由于水源不足，不通舟楫。南方的大批漕运物资，或由海运至天津，或由淮河转沙河，过黄河入卫河，转运北京。陆运耗费很大。于是宋礼和刑部侍郎金纯、都督周长前往整治会通河。会通河的整治关键在于解决水源问题。宋礼采用汶上老人白英的意见，修筑堰城和戴村坝，横截汶水向南，由运河经过的面最高处的南旺分水入运河，成功地解决了运河水源问题，促成了京杭运河航运史上的重大转变。宋礼取得首功。后人追念他的功绩，在南旺为之立祠纪念。

宋礼

宋礼是明朝著名水利官员，永乐时，担任工部尚书、太子太保。

潘季驯　字时良，浙江乌程（今吴兴县）人，生于明正德十六年（1521）。他30岁中进士，先后在江西、河南、广东等地任地方官。嘉靖四十四年（1565）黄河在沛县决口，河水在曹县至徐州间泛滥，淤塞京杭运河沛县以北一段。十一月任命潘季驯为"总理河道"大臣，主持治河。潘季驯提出"开导上源与疏浚下流"的方案，但未被采纳。一年后因母亲去世离职归家守孝。隆庆元年（1567）六月，擢升为都察院右副都御史。三年后，朝廷第二次任潘季驯总理河道，并授权提督军务。为治理淤塞的180里河漕，提出堵口、修缕堤、挖淤河的救急措施，结果用半年多时间完成，保证了漕运的畅通。为了黄河的长治久安，提出修筑遥堤和缕堤的方案。后因意见与当朝者不合，于隆庆六年（1572）闰二月被去职。万历四年（1576）在张居正的推荐下第三次出任总河，兼管漕运事。这时50多岁的潘季驯积两次治河经验，提出全面治理黄、淮、运规划的《两河经略疏》，详尽阐述了"束水攻沙""蓄清刷黄"的战略思想。由于朝廷的支持，潘季驯排除阻力，亲自监督治理工程，获得很大成功。万历八年（1580）任命他为南京兵部尚书、参赞军机事务。两年后调回京城任刑部尚书。不久张居正去世，反对派以"党庇"罪名，再次罢免了潘季驯的官职。到万历十六年（1588）黄河连年决口，上下告急，不得已朝廷第四次任命潘季驯为总河。他总结经验，提出加强堤防修守的八项措施，接着又提出"四防二守"等一系列规章制度，主张只有坚筑堤防，才能确保黄河的安全。他不顾70岁高龄，带病治河。此时，他的代表著作《河防一览》辑成。万历二十年（1592）他病势加重，朝廷同意他的去职请求。离职前提出《条陈熟识河情疏》，强调治河一定要从实际出发，熟悉黄河特点。他回家后便卧病不起，万历二十三年（1595）四月病逝，终年75岁。潘季驯一生在治河上的巨大贡献和总结的宝贵经验，一直为后人所借鉴。

万恭　字肃卿，江西南昌人，生于明正德十年（1515），卒于万历十九年（1591），终年77岁，与潘季驯是同时代人。他在嘉靖二十三年（1544）中进士，开始做官，历任南京文选主事、光禄寺少卿、北京大理寺少卿等职。嘉靖四十二年（1563）因防守北京城有功，升任兵部右侍郎，次年任兵部左侍郎兼佥都御史巡抚山西。二年后因母丧回乡，家居八年之久。隆庆以来黄河连年决口，洪水横流，运道受阻，总理河道的官员连年更换，成效甚微。隆庆六年（1572）正月，万恭从家乡被召回朝廷，任命为兵部左侍郎兼右佥都御史、总理河道，并提督军务。万恭上任后采纳了一位河南生员（秀才）的建议："以人治河，不若以河治河也"，借河水之力可以深河，可以淤滩。万恭进一步阐述加强堤防建筑，可以实现"束水攻沙"的想法。他主持修筑了徐州至宿迁小河口黄河两岸堤防等工程。万历二年（1574）四月被劾罢职。在此之前他完成了《治水筌蹄》一书，总结了治河经验，影响很大。万恭回籍家居达 17 年之久，再未任职，至万历十九年（1591）去世。他的著作还有《京营奏议》《漕河奏议》《洞阳子集》及《续集》等。

徐贞明　　字孺东，一字伯继，江西贵溪人，明代后期倡导海河水利的代表人物。万历三年（1575）任工科给事中。他认为，当时首都在北京，而赋税集于东南，每年从江南一带通过运河运输数百万石粮食北上是巨大的浪费。为此必须发展海河流域的农业和水利。他说"水聚之则为害，散之则为利"，主张在海河上游开渠灌溉，下游开支河分泄洪水，低洼淀泊留以蓄水，淀泊周围开辟圩田，则水利兴而水害除。并著《潞水客谈》，进一步阐述自己的见解。万历十三年（1585），徐贞明被任命为尚宝司少卿，受命兴修水利。他先踏勘京东地区水源，并选择永平府（治今卢龙县）一带试行，次年即得到水浇地 39000 多亩。取得经验后，他又履勘海河流域各地，准备推广，但由于豪强权贵的反对，工程被迫停止。《明史》有传。

七

生物学

（一）对生物遗传性和变异性的认识

1. 夏之臣"忽变"说

夏之臣，字一无，明直隶亳州（今安徽亳县）人，生卒年代未详。万历十一年（1583）登进士第，做过三任县令，官至湖广监察御史。不知因何事受牵连获罪，后来放还居乡，拒绝再度出仕。他写的《评亳州牡丹》虽不到 400 字，但在生物学思想史上却闪烁着灿烂的光辉，可惜一向被人忽视了。姚德昌先生慧眼独具，他对此文进行了深入研究。

《评亳州牡丹》作于何年，难以考知，从同邑人薛凤翔《牡丹史》中隐约看出或许是放还居家之日写的。有一点可以肯定，薛凤翔撰书时，夏之臣已经作古了。夏之臣写作《评亳州牡丹》的上、下时限总不出万历十一年（1583）举进士以后，最迟到万历四十一年（1613）邓汝舟为《牡丹史》作序之前。

夏之臣一向酷爱牡丹，后又精于种植技术。他私筑的南里园是当时以牡丹著称的亳州三大名园之一，广袤十余亩，拥有不少名贵品种。这样，他不但可以随时玩赏和细心观察，而且也具有进行比较分析和总结经验的有利条件，终于在《评亳州牡丹》里提出和回答了前人没有提出和回答的问题。夏之臣写道：

牡丹

牡丹，芍药科、芍药属植物，为多年生落叶灌木，中国十大名花之一。牡丹素有"花中之王"的美誉，因其花大而香，故又有"国色天香"之称。

　　吾亳土脉宜花，无论园丁、地主，但好事者皆能以子种，或就根分移。其捷径者，惟取方寸之芽，于下品牡丹根上，如法接之。当年盛者，长一尺余，即著花一、二朵，二、三年转盛。如……"［娇容］三变"之类，皆以此法接之。其种类异者，其种子之忽变者也；其种类繁者，其栽接之捷径者也，此其所以盛也。

　　这是一段不可多得的文字。前一半叙述了当地两条种植经验；后一半解释了亳州牡丹盛而不衰的原因。在夏氏看来，品种和类型之所以各不相同，归因于种子突然会发生变异；可供观赏的种类之所以繁多，则在于用嫁接方法，使种子突变所产生的新类型得以快速繁殖（保留）并传播开来。

　　赏析夏文，最值得重视的莫过于"其种类异者，其种子之忽变者也"13个字。在16世纪80年代到17世纪头10年左右，欧洲刚发现植物界会发生突变不久，中国人便认识到"种子忽变"是牡丹新品种形成的主要因素，这怎能不令人拍案称奇！即使夏之臣的理论失之简陋，未可视为突变学说，但是他居然把牡丹种类之"异"看成"忽变"的结果，确实超越了他本人所处的时代。不仅在布丰和罗蒙诺索夫以前，就是在卡尔任斯基和德佛里斯提出突变论以前，在生物进化思想史上似乎找不出第二个人。只是受时代的限制，夏之臣的"忽变"说，其形式和内容远比达尔文《物种起源》（1859）中所提出的不定变异（包括突变在内）在栽培植物品种形成中起重要作用的那种论断要朴素得多，当然更不如卡尔任斯基和德佛里斯的突变论已经达到系统化和缜密化的程度，然而夏氏作为近代科学初创阶段生物进化思想的杰出代表和现代突变学说的先驱，实是当之无愧。

2. 对生物变异性的认识

古代学者已经意识到生物遗传与生命的繁殖分不开，即各种生物特性的遗传通常是通过种子（生殖细胞）实现的。王充指出，万物"因气而生，种类相产，万物生天地之间皆一实也"。汪子春先生认为，"种类相产"是一句很概括的话，这句话指出，生物种类的性状是遗传的，万物的生殖都是通过种子（即"实"）实现的。当然，种类的各种特性之所以能遗传给它后代也都是通过种子实现的。这在王充的《论衡·初禀篇》中说得更清楚了。王充说："草木生于实核，出土为栽蘖稍生茎叶，成为长、短、巨、细，皆由核实。"这段话十分明确地指出，植物的个体发育是从种子开始的。种子萌发生长了茎叶，表现出了各种性状，这些都是由种子决定的。亦即是，亲代的特征可以通过生殖，而由种子（"实核"）传留给后代的。

明代叶子奇显然继承了王充的"种类相产"的理论。他说："草木一荄（根）之细，一核之微，其色、香、葩、叶相传而生也。"如同王充一样，他也把种子看成是生物性状传递的载体。他说："草木一核之微，而色香臭味，花实枝叶，无不具于一仁之中。及其再生，一一相肖。"（《草木子·观物》）这里对生物性状的遗传机理，作了初步探讨。到现在为止我们还没有发现中国古代有关于"先成论"和"渐成论"之争。叶子奇也只是说明性状的传递是通过种子实现的。

在历代的文献中，关于生物变异的记载是很多的。贾思勰在《齐民要术》中说："凡谷成熟有早晚，苗秆有高下，收实有多少，质性有强弱，米味有美恶，粒实有息耗。"贾思勰不仅指出谷物的成熟期差异，而且指出了其他各种性状的变异。宋朝蔡襄在《荔枝谱》（1059）一书中指出："荔枝以甘为味，虽有百千树莫有同者。"刘蒙在《菊谱》（1104）里描述了菊花的 35 个品种。在谈到菊花的变异时，他说："花大者为甘菊，花小而苦者为野菊。若种园蔬肥沃之处，复同一体，是小可变为大也，苦可变为甘也。如是，则单叶变而为千叶，亦有之也。"明代宋应星在《天工开物·乃粒》中说："粱粟种类甚多，相去数百里，则色味形质随之而变，大同小异，千百其名。"这些都充分反映了古人对生物变异的普遍性有一定的认识。"大同小异"正确地反映了自然界中生物变异的情况，亲本的后代既像亲本，又跟亲本有所差异。"相去数百里，则色味形质随之而变"，可见宋应星还认为生物的变异与生物之生活环境变化有着密切的联系。

菊花

菊花为多年生草本，菊花不仅可以用于观赏，还能入药治病。

古人看到，生物在不同的环境中会出现变异。所以不同的环境有与之相适应的生物，这都是正确的。《花镜》作者陈淏子说：

> 生草木之天地既殊，则草木之性情焉得不异？故北方属水性冷，产北者耐寒；南方属火性燠，产南者不惧炎威，理势然也。石榴不畏暑，愈暖愈繁；梅不畏寒，愈冷愈发。荔枝、龙眼独荣于闽粤。榛、杉、枣、柏尤盛于燕齐；橘、柚生于南，移之北则无液；蔓青长于北，植之南则无头。

这里以"理势然也"解释环境对生物的影响。但那时还不知道，生物的差异与环境有着密切的关系，环境可以引起生物产生遗传性的变异，通过选择作用使有利的变异得以保存。

人们在实践中显然也发现了大量能够遗传的显著变异。

在明代的著作中也有很多关于突变遗传的例子。宋应星在《天工开物·乃粒》中就多次提到具有遗传性的突变。例如他说："凡稻旬日失水，则死期至，幻出旱稻一种，粳而不粘者，即高山可插，一异也。""幻"，变化也。"幻出"，就是变化出现的意思。当大批水稻因环境失水而死去时，偶有个别突变植株。由于这种突变是遗传的同时又是适应干旱环境的，所以它被保留了下来。

秦汉以来，人们更加有意识地利用生物普遍存在的遗传变异，实行人工选择，借以培育各种优良品种。

16世纪末，张谦德在《朱砂鱼谱》一书中提到金鱼选种时说："蓄类贵广，而选择贵精，须每年夏间市取数十头，分数缸饲养，逐日去其不佳者，百存一、二，并作两、三缸蓄之，加意培养，自然奇品悉具。"从这个记载中，我们看到古人对金鱼的选择所用的是典型的混合选择法。《金鱼图谱》的作者句曲山农认为，用来交配的雌雄金鱼，不仅要选择符合人类需要的优良性状的个体，而且要选择雌雄双方的性状相一致的个体。他说："咬子时，雄鱼须择佳品，与雌鱼色类大小相称。"这是很合乎现代遗传学所认识的生物遗传规律的。那些"色类大小相称"的雌雄金鱼往往有比较相似的遗传物质基础。如果这些有比较相似遗传物质基础的个体又具有符合人类需要的较好的表现型，那么这种选择，对于形成新的生物类型，可能性也就更大。从这里可以看出，我

金鱼

金鱼起源于中国，也称"金鲫鱼"，在人类文明史上，中国金鱼已陪伴着人类生活了十几个世纪，是世界上最古老的观赏鱼品种之一。

国古代在选择良种工作方面具有一定的水平。金鱼的各种品种的形成，是我国人民对金鱼变异长期地、大量地选择的结果。

骡

骡，哺乳类奇蹄目动物。骡的繁殖力极其差，但生命力和抗病力强，饲料利用率高，体质结实，主供役用。

我国古代人民在实践中，很早就注意到杂种优势的利用，马和驴杂交而产生骡即是一例。李时珍在《本草纲目》中也说："骡大于驴，而健于马。"方以智在《物理小识》中说："骡耐走，不多病。"

有关杂交种优势利用的一个突出例子，是《天工开物》中所记载的明代关于家蚕杂交的工作。《天工开物·乃服》说："凡茧色唯黄白两种。川、陕、晋、豫有黄无白，嘉湖有白无黄。若将白雄配黄雌，则其嗣变为褐蚕。"又说："今寒家有将早雄配晚雌者，幻

出嘉种，此，一异也。""幻"是变化的意思，"幻出嘉种"即变化产生了优良蚕种。

我国幅员广大，各地气候环境殊别，我国古代人民在长久的生产实践中，选育出了许许多多的家蚕品种。就化性而言，有一化性蚕、二化性蚕和多化性蚕，一化性蚕和二化性蚕是明代嘉湖地区在蚕茧生产中常饲养的蚕。《天工开物·乃服》中说："凡蚕有早晚二种，晚种每年先早种五、六日出，结茧亦在先，其茧较轻三分之一。若早蚕结茧时，彼（指晚种）已出蛾生卵，以备再养。"这里所说的"晚种"蚕，显然是二化性蚕。"早种"蚕比晚种出蚁时间要晚，结茧时间也晚，也没有提到当年再养，所以该是一种一化性蚕。所谓"早雄配晚雌"，就是一化性的雄蚕与二化性头二蚕的雌蚕的杂交。《天工开物》明确地指出杂交种亲代双方的雌雄关系，这一点颇为重要。现代养蚕学对家蚕化性遗传研究证明，不同化性的家蚕的杂交，有个重要的遗传现象，这个遗传现象告诉我们，一化性蚕与二化性蚕杂交，其杂种子一代的化性与亲代雌性化性相一致。亲代雌性是一化的，则杂种一代的化性也是一化的。反之，如亲代雌性是二化的，则杂种一代的化性也是二化的。

根据家蚕杂交的这个遗传规律，可知《天工开物》中所记载的"早雄配晚雌"所产生的"嘉种"乃系二化性蚕。"嘉种"是二化性的，这在生产上有着直接的意义。它可以作为夏蚕种直接应用于生产。如果是"早雌配晚雄"，情况就不同，由于一代杂种是一化性的，不能作为夏蚕种。大家知道，二化性的晚种蚕常常显示体质强健、耐高温、适于夏季高温环境中饲育等优良性状。但是这种蚕的茧丝量较少，《天工开物》指出，它的茧量比早种蚕（一化性蚕）要"轻三分之一"。早种蚕无论是茧量或丝质都比晚蚕好。但是这种蚕的虫质较弱，抗高温能力低，不易饲育。通过两个品种的杂交，杂种继承了双亲的优点，从而可能出现蚕儿体质健强、耐高温、丝质好、茧丝量高等优良性状。

（二）对动物和人体生理节律的认识

1.周日节律

动物和人体的生理活动或生活习性都呈现出一定的节律性。从动物的觅食、生长、繁殖，到人类的作息、代谢、体温变化，以至候鸟的南来北往，花卉的开放、凋谢……都具有一定的时间节律，如周年、周月、周日节律等。由于它们能起计时的作用，又与生理活动有关，因此人们称其为"生物钟"或"生理钟"。

候鸟

候鸟是那些有迁徙行为的鸟类，它们每年春、秋两季沿着固定的路线往返于繁殖地和避寒地之间。候鸟有夏候鸟和冬候鸟两种。

其实，人类一直在观察着各种循环往复、周而复始的自然现象，并且发现在人体或生物体内存在着多种有节律的活动。张秉伦先生通过多年搜集和研究，认为在我国浩如烟海的古籍中，不时可以发现一些有关生物节律的记载。其中论述较多的有与白天和黑夜交替相应的近似昼夜节律，又有同月亮盈亏和与其有关的潮起潮落相应的太阴月节律和潮汐节律，还有与地球公转相应的周年节律等珍贵的内容，甚至还有利用这些节律来定农时、测潮汐和提高疗效的生动事例。

生物和人在长期的进化过程中，对这种昼夜循环交替的现象是以某种生理活动或生活习性具有近似 24 小时的周期性变化做出反应的，因此称它为近似昼夜节律。我国古籍中有很多利用动物报时的例子。如：自古以来，人们就知道公鸡鸣辰。明朝薛惠《鸡鸣篇》关于公鸡啼鸣与天象关系的记载最为详细："鸡初鸣，日东御，月徘徊，招摇下；鸡再鸣，日上驰，登蓬莱，辟九闱；鸡三鸣，东方旦，六龙出，五色烂。"

有关夜行动物的记载，反映了动物的昼夜活动节律。李时珍在《本草纲目》中，曾作过系统的收集和整理，并加以补充。如《抱朴子》曰，"鹤知夜半"，尝以夜半鸣，声泪云霄；鸢"夜则群飞，昼则草伏"。唐陈藏器说，鸱鸺"夜飞昼伏"；鸮"盛午不见物，夜则飞行，常入人家捕鼠食"；夜行（又名气盘虫）"有翅，飞不远，好夜中行"。李时珍说，蜚蠊"好以清旦食稻花，日出则散也"，狐"日伏穴，夜出窃食"，蝙蝠"夏出冬蛰，日伏夜飞"，貉"日伏夜出"等。

人体在不同时间对药物的敏感性也是不同的。现代研究表明，药物的吸收、代谢和排泄速度都存在着昼夜节律性的变化。我国自古以来，对于进药的时间是很讲究的。明代孙一奎根据《本事方》指出，"卫真汤"在"夜半子时（23 时—1 时）肾水极旺之时，补肾实脏，男子摄血化精"（《赤水玄珠》）。也就是说，在夜半子时，人体对这种药的吸收、代谢最快，因而适时服药，效果也就最好。

药物吸收及其疗效随昼夜节律而变化已为动物实验所证实：同样剂

豚鼠

豚鼠是无尾啮齿动物，身体紧凑，短粗，头大颈短，在野外已经灭绝，作为宠物分布在世界各地，但未列入濒危物种红色名录。

量的安非他明在一天的某一时刻可杀死 77.6% 的受试豚鼠，而在另一时刻使用却只能杀死 6% 的受试豚鼠。此外，现已证明癌细胞的增生也具有昼夜节律。在某些时刻癌细胞的分裂速度比在其他时刻快；同时，在某些时刻癌细胞更容易受到 X 光的破坏。我国古代关于进药和治疗时间与疗效关系的临床经验，是值得进一步研究，加以总结提高的。

2. 周月节律

我国古代对于生物生长、活动与月相变化关系的认识是十分精到的。李时珍在《本草纲目》中说，蠃，"螺蚌属也，其壳旋文，其肉视月盈亏。故王充云，月毁于天，螺消于渊"。就是说，螺蚌之类的水生动物，每当月望的时候，贝壳内皆满实，而当月晦的时候，贝壳内却显得不盈满了。它们的增大或缩小，同月相变化有着"同盛衰""等盈阙"的规律。

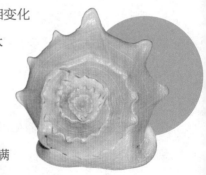

螺蚌

即螺与蚌，亦泛指有贝壳的软体动物。

现代研究指出，月亮盈亏的周期性变化确实能影响某些动物生殖腺的增大或缩小。因此，王充"月望则蚌蛤实，群阴盈。月晦则蚌蛤虚，群阴亏"之类的论述，可理解为每当月旺之时，螺蚌之类的水生动物，生殖腺增大，肉体丰满，因而充满贝壳之内；而当月晦之时，生殖腺缩小，肉体消瘦，贝壳内就显得空虚而不满实了。李时珍在《本草纲目》中还明确提到蟹在繁殖季节"腹中之黄（即生殖腺），应月盈亏"。

同样，蚌类其他生理代谢活动也具有太阴节律。李时珍在《本草纲目》中说："左思赋云：'蚌蛤珠胎与月盈亏是矣'，其孕珠如怀孕，故谓之珠胎。"反映了蚌蛤之类的生长发育随月相变化而变化。当月望时，蚌蛤生长发育旺盛，分泌物增多；而月晦时生长发育缓慢，分泌物也就少。所以古人认为蚌蛤孕珠也具有朔望月的节律。

关于人体生理活动的太阴节律，古代也有不少论述。李时珍在《本草纲目》中说："其血上应太阴，下应海潮。月有盈亏，潮有朝夕，月事一月一行，与之相符，故谓之月水、月信、月经。经者，常候也。"最近德国妇科专家检查了 10400 位妇女的月经周期，结论是望月夜晚妇女月经出血量成倍增加，而在其他情况下正相反。可见"上应太阴，下应海潮"是有一定科学根据的。

明代孙一奎《赤水玄珠》中还记载了一个男性周期性出血的病案，也具有明显的太阴节律："又见一男子，每齿根出血盈盆，一月一发，百药不效，历十余月，每发则昏眩。"这种"一月一发，百药不效"的周期性出血，今天看来，应属于"生物钟"的太阴节律。

太阳和月球相互作用，同时也都对地球表面有引力作用。尽管月球的质量比太阳的质量小，但由于月球比太阳离地球近得多，因此，主要由于月球的作用形成海水的交替涨落，平均以 24 小时 50 分钟为一个周期。这就是有节律的潮汐现象。很多海洋生物的生长、繁殖和其他活动规律都与潮汐节律惊人地合拍。因此海洋生物是研究生物钟的重要对象之一。我国人民自古以来就很注重观察总结海洋生物与潮汐节律的关系，并把这些具有潮汐节律的生物称为"应潮之物"。李时珍《本草纲目》记载："蟛蜞而生于海中，潮至出穴而望者，望潮也。"说明古人对于动物潮汐节律的观测是十分广泛的，并以它们的活动规律作为潮候。

3. 周年节律

一年春夏秋冬，四季循环，生物是以其新陈代谢变化作出反应的。例如快到冬天的时候，有些动物随之进入休眠状态，直到来年一定季节又复苏，生长繁殖。现代研究认为，新陈代谢的这些改变，意味着它们具有一种测量日照长度变化的"时钟"，即具有与地球绕太阳公转周期相应的周年节律。我国古代的物候历正是根据天象、气候和动物的来去飞鸣及植物的生长荣枯制定出来，指导农业生产的。实际上也是对动植物以新陈代谢的变化适应地球公转的周年节律的应用。

秧鸡

秧鸡像小鸡那么大，多生活在水田边和水泽边，夏至后每每整夜鸣叫，八、九月就停止鸣叫。主要分布于欧亚大陆、北非和中东。

黄鹂

黄鹂，羽色鲜黄，主要生活在温带和热带地区的阔叶林中。大多数为留鸟，少数种类有迁徙行为，迁徙时不集群。

螳螂

螳螂亦称刀螂，无脊椎动物，属肉食性昆虫。它是中国农、林、果树和观赏植物害虫的重要天敌。

李时珍在《本草纲目》中不仅总结了古人关于虫鱼鸟兽的物候知识，而且又增加了很多新的观测内容。如：秧鸡"夏至后夜鸣达旦，秋后则止"，"仲冬鹍鹑不鸣，盖冬至阳生渐温故也"；黄鹂"立春后即鸣，麦黄椹熟时尤盛，其音圆滑，乃应节时之鸟"；反舌鸟"立春后则鸣转不已，夏至后则无声，十月后则藏蛰"；螳螂"深秋乳子作房，粘着枝上，其内重重有隔，每房有子如蛆卵，至芒种节后一齐出，故月令云仲夏螳螂生也"等。

（三）朱橚《救荒本草》

1. 撰写经过

明代永乐四年（1406），我国出现了一部以救荒为宗旨的植物学专著《救荒本草》。该书的作者朱橚是明太祖朱元璋的第五个儿子，明成祖朱棣的同母兄弟。洪武十一年（1378）受封为周王，十四年就藩开封。据《明史》本传记载，他"好学能词赋，以国土

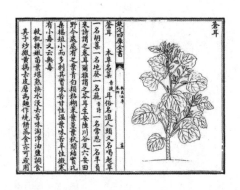

《救荒本草》内文

《救荒本草》对我国植物学、农学、医药学等科学的发展都有一定影响。

夷旷，庶草蕃庑，考核其可佐饥馑者得四百余种，绘图疏之"。洪熙元年（1425）卒。死后谥作"定"，因此《明史》称《救荒本草》由周定王撰。朱橚身居王位，历享荣华，但能体察民间饥寒，忧虑水旱之年饥民采摘野菜误食伤生之事，遂致力于救荒植物的研究，终于写成这一专著，难能可贵。他广泛搜集当地草木野菜种苗四百余种，种植在自己的园圃里，亲自观察记录，鉴别性味，凡可以充饥者，命画工依照植物绘

出图谱。比较详细而准确地记载了植物的名称、别名、产地、分布、特征、性味、可食部分以及烹调食法等。此书总共记载植物414种，其中已见于历代本草者138种，新增加的276种。全书分为五部，计草部245种、木部80种、米谷部20种、菜部46种。由于作者撰著的目的性明确，又经过亲自的观察研究，创作中注意到著作的通俗性、实用性和科学性，加之配合的插图逼真易于为人们所辨认。所以《救荒本草》一向被中外学者赞誉，为中国15世纪初期优秀的植物学专著。周肇基先生认为它是我们的祖先在长期的生活实践中积累起来的植物学和救荒知识的结晶。虽说《救荒本草》属于植物学性质的科学著作，但古来荒政是我国传统农学的一个重要组成部分，所以《救荒本草》又被视为明代初年的一部重要农书。

2. 科学特征

《救荒本草》的科学性表现在：

第一，重视花器官在分类上的作用。《救荒本草》对植物特性的描述具有很高的科学水平。对于所述414种植物都进行了简单、明了的介绍，而且这些内容从植物学的角度来看都是相当细致和准确的。首言植物之名称，次言原产地及现今分布，再言生态环境、生长习性、各器官特征，终言可食部分寒热之性、甘苦之味、淘浸烹煮熬晒调和之法。文字虽然不多，通常数十个字，但是辅以形象的插图，使人不难按图索骥觅得食物。历代本草一般对植物描述颇为简单且少有记述花之性状，偶有亦只云花色，而《救荒本草》颇为重视对花器官（花，果实）的描述。不仅述及花形、花色而且记录了花瓣的枚数，果实和种子的颜色、大小和形状。这就明显地超过了历代本草对植物记载描述的水平，堪称中国15世纪优秀的植物学专著。大家知道，植物的根、茎、叶、花、果实，是植物分类的重要依据，但相比较而言其中花和果实更是分类的关键器官，非此不可。瑞典学者林奈（1707—1778）1753年首创植物的双命名法，他以花的性状为基础，将植物分为24纲。林奈的工作得到世界各国的公认，植物分类学的研究得以有了长足的进步。我国的《救荒本草》早在1406年即相当重视花器官在鉴定植物种类中的作用，而详加记述，这不能不说是15世纪初期人类植物学研究工作的杰作。

林奈

林奈是瑞典博物学家。他自幼喜爱花卉，曾游历欧洲各国，拜访著名的植物学家，搜集大量植物标本。其著作有《自然系统》《植物属志》《植物种志》等。

第二，植物学术语丰富。《救荒本草》对于植物生长习性所用术语颇多，如就地丛生（铁扫帚），就地科叉生（荞麦），拖蔓而生（牛皮消），附树拖蔓而生（金银花）等。

对于植物叶的描述不仅论述互生叶，而且有了"对生"叶（尖刀儿苗、苏子苗、椋子树）和"轮生"叶的记述，如桔梗"四叶相对而生"。对于苦荬菜则有"脚叶"（即基生叶）和"小叶布茎"（即茎生叶）的术语。对于叶形的描述则有董董菜叶"似铍箭头样"（即披针形），水慈孤其叶三角形似剪刀形（即戟形叶），风轮菜"叶边有锯齿"。

对于茎则有"方形""四楞""茎方面四楞"（紫苏、风轮菜、苏子苗、薄

金银花

"金银花"一名出自《本草纲目》，由于忍冬花初开为白色，后转为黄色，因此得名"金银花"。金银花既能宣散风热，还善清解血毒，用于各种热性病，如身热、发疹、咽喉肿痛等症。

荷、脂麻）的描述。这是典型的唇形科植物特征。可见植物形态描述抓住了关键的特征。

对于结实器官已有了"穗"和"小叉穗"（即小穗）的术语（雀麦、稗子、莠草子）。而且对于禾本科植物种实成熟后容易落粒的生理现象也有了记述，如"莠草子熟时即收，不收即落"。

蒴果的名词在书中许多植物中出现。如，"菫菫菜结三瓣蒴儿"，紫苏"结小蒴其子状如黍"，脂麻"结四棱蒴儿，每蒴中有子四五十粒"，"荞麦结实作三棱蒴儿"。对于荠菜记载了其"三四月出葶分生茎叉，稍上开小白花"，均对花期有准确的记录。

对苜蓿"开紫花结弯角儿，中有子如黍米大，腰子样"的描述，说明作者观察细致。

对植物向性运动亦有记述。如"槐昼合夜开者名守宫槐"。

对植物受伤流乳汁现象亦有记述。如羊角苗、苦苣菜、孛孛丁等"茎折之俱有白汁出"。

对于百合的珠芽繁殖现象的记述颇有兴味，"子色圆如梧桐子生于枝叶间。每叶一子，不在花中，此又异也"。

对于木材质地亦颇有研究，"椋子树……木则坚重，材堪为车辋"，"枯树其木坚劲，皮纹细密上多白点"。

第三，重视生态环境的调查研究。《救荒本草》对于所载的 414 种植物的生态环境作了细致的调查。从大量的调查研究中，发现了不同植物种类间在分布上有着巨大的差异，要采集某些救荒植物就应了解此类植物的生长环境。此书对生态环境的描述较历代本草更为详尽。笔者仅举数例归纳说明如下：

水生环境：如"生水中"的水慈菰，"水中拖蔓而生"的荇丝菜，"生于池泽"的菖蒲，等等。

湿生环境：如"生水田边"的水稗，"生水边"的泽泻、獐芽菜，等等。

陆生环境：区分得尤为细致。如"生荒野中"的雀麦、吉利子树等，"生山野中"的有风轮菜、牛皮消等，"生山谷中"的有茶、榆等，"生川谷"的葛根、柴胡等，"生田野"中的有莠草子、旱稗等。

第四，地理环境影响植物产量和品质。现代植物生态学是研究植物相互间及植物与生存环境相互关系的科学。它阐明外界环境对植物的形态结构、生理活动、化学成分、遗传特性和地理分布的影响，以及探讨植物对环境的适应和改造作用。植物生态学是植物学发展到较高水平之后从中分化出来的一门学科。在《救荒本草》里已有许多地方记述了地理环境对植物产品数量和品质影响的资料。如：天门冬"其生高地根短味甜气香者上。其生水侧下地者，叶细似蕴而微黄，根长而味多苦气臭者下"；"花椒……江淮及北土皆有之，茎实皆相类但不及蜀中者，皮肉厚腹里白，气味浓烈耳。又云出金州西城者佳，味辛性温大热有小毒"；"瓜蒌根俗名天花粉……入土深者良，生卤地者有毒"；等等。

以上可以看出，《救荒本草》不仅对我国植物地理分布颇有研究，而且对于地域和生态环境对植物产量和品质的影响也有了科学的认识。这种观点是与植物生态学的理论吻合的。

《救荒本草》是我国现存最早的一部以救荒为目的的植物专著。它所记载的植物当时虽然来自河南省境内，但其原产地不少是来自全国。这些野生植物用途广泛，反映出我国野生植物资源的丰富。同时也表明早在500多年前的明代初期，我国在野生植物的综合利用上已经积累了宝贵的经验，它是我国历史上一部重要的植物学文献，可以称为15世纪初的中国经济植物志。在《救荒本草》的影响下，明、清两代先后有十部救荒著作问世。其中比较著名的有：《野菜谱》1卷，王西楼撰；《茹草编》4卷，明代周履靖撰，1528年成书；《野菜博录》3卷，明代鲍山撰，1622年成书；等等。在这方面《救荒本草》起着承前启后的作用。由于它的学术价值高，国内外流传颇广，亨保元年（1716）日本有皇都柳枝轩刊本，还曾被译作英文传播欧美各国。

（四）《闽中海错疏》

1. 撰写人及年代

《闽中海错疏》的作者屠本畯，字田叔，浙江鄞县（今宁波鄞州区）人，明朝万历年间曾任福建盐运司同知。他是在入闽之后，应太常少卿余寅之请写这部书的。屠氏学识渊博，对博物学和园艺都有较深的造诣，所著除《闽中海错疏》外，还有《海味索隐》《闽中荔枝谱》《野菜笺》《离骚草本疏补》《瓶史月表》等书。

《闽中海错疏》成书于明万历丙申（1596），距今已近400年。全书分为三卷，上中两卷为鳞部，下卷为介部，共记载福建沿海水产动物200多种（包括少数淡水种类）。

乌贼

乌贼遇到强敌时会以"喷墨"作为逃生的方法，并伺机离开，因而有"乌贼""墨鱼"等名称。会跃出海面，具有惊人的空中飞行能力。

2. 主要内容和主要贡献

刘昌芝先生认为，此书所记载的水产动物，以海洋经济鱼类为主，我国著名的四大海产大黄鱼、小黄鱼、带鱼和乌贼，海产珍品对虾和蟹，以及鲥、鳓、鲦等鱼都包括在内。所记载的鱼类，除锯鲨即胡鲨，棘鬣即过腊，鳝即泥鳅，鮆即刀鮆以外，计有鲂、燕尾鲳、尖齿锯鲨、鲻鱼、刀鲚、鲥、海鳗、条纹东方鲀等 80 多种，分别属于鲤科、鲳科、锯鳐科、鲻鱼科、鲱科、鳗鲡科等 40 个科，及鲈形目、鲻形目、鳗鲡目、鲱形目、鲀形目、鲤形目等 20 个目。所记载的两栖类有蟾蜍、雨蛙、虾蟆、水鸡、石鳞、黄䲁等 10 种，分别属于蟾蜍科、雨蛙科、蛙科三科。此外还记载有软体动物的贝类，节肢动物的虾类，以及鱼、鳖等。福建地处浙粤之间，有些海产动物是相似的，正如屠氏在序中所说："并海而东，与浙通波，遵海而南，与广接壤。其间彼有此无，十而二三耳。"所以他对闽海水产动物的描述，多用浙东沿海所产加以比较。值得特别指出的

蟾蜍

蟾蜍也叫蛤蟆，两栖动物，体表有许多疙瘩，内有毒腺，俗称癞蛤蟆、癞刺、癞疙宝。在我国分为中华大蟾蜍和黑眶蟾蜍两种。

是，书中有些记载是前人不曾提到的。例如，"海胆"一名过去曾被认为来自日本，其实日本却是引自此书。又如，鲑是一种名贵的金色小沙丁鱼，明以前不见于记载，此书却对它作了描述。作为附录，书中还记载了福建常见的外省海产，如燕窝、海粉等。

因此，这部书作为一种早期的地区性水产动物志，可以说已经粗具规模。《四库全书提要》说它"辨别名类，一览了然，颇有益于多识"，这是当之无愧的。

屠本畯写《闽中海错疏》，主要是根据他自己对水生动物的观察和研究。他的描述说明各种动物的形态特征和生态习性。

如他说："泥螺，一名土铁，一名麦螺，一名梅螺，壳似螺而薄，肉如蜗牛而短，多诞有膏。"又说："按泥螺产四明、鄞县、南田者为第一。春三月初生，极细如米，壳软，味美。至四月初旬稍大，至五月肉大，脂膏满腹。以梅雨中取者为梅螺，可久藏，酒浸一两宿，膏

溢壳外，莹若水晶。秋月取者，肉硬膏少，味不及春。"这一段简单的叙述，把泥螺的形态、产地、生长发育和食用方法都讲到了。据张玺说，这种贝类动物七至九月产卵，秋后所采是产过卵的个体，所以肉硬膏少，味不及春。当年孵出的螺个体很小，肉眼不易看到，第二年春季长到米粒大小，到五、六月开始繁殖。从屠氏对泥螺自然繁殖的记载来看，可知他当时对泥螺的生态习性已有清晰的认识。这种螺，现在动物学上仍称泥螺，系 1848 年定名，晚于《闽中海错疏》的记载近 250 年。

除描述动物的外部形态外，他对某些动物的内部器官也有记载。例如，他说："鱆鱼……多足，足长，环聚口旁，紫色，足上皆有圆文凸起；腹内有黄褐色质，有卵黄，有黑如乌鰂墨，有白粒如大麦。"可惜，由于当时对动物生理还缺乏研究，他没有指明黄褐色质是肝脏，黑色的是墨囊，白粒是卵。

屠本畯的《闽中海错疏》，将性状相近的种类放在一起。例如，把鲤、黄尾、大姑、金鲤、鲫、金鲫、棘鬛、赤鬃、方头、乌颊等排在一起；虾蟆、蟾蜍、雨蛙（蛤）、石鳞、水鸡、尖嘴蛤、青鲫、黄鲫等排在一起；白虾、虾姑、草虾、梅虾、对虾、赤虾等又排在一起；等等。这些动物分别相当于现代动物分类上的鱼类、两栖类和节肢动物。在大类中，他又把性状更接近的排在一起。例如，在鱼类中，把鲋、鲷、……排在一起，现在知道它们都属于鲱科；在两栖类中，把水鸡、青鲫、黄鲫等排在一起，现在知道它们都属于蛙科。在大类中又分了小类。如鱼类中的棘鬛、赤鬃和乌颊排在一起，根据书中的描述，知道它们就是现在所称的真鲷、黄鲷和黑鲷，都属于鲷科；虎鲨、锯鲨、狗鲨、胡鲨等排在一起，都属于软骨鱼类。屠本畯把水产动物分成不同的大类，在大类中再分小类，这种排列方法在一定程度上揭示了动物的自然类群，反映了它们中间的亲缘关系，可见这位 16 世纪的中国博物学家已向自然分类的方向迈出了一步。这些不同的大类和小类，相当于现代生物学中的科、属各阶元，其中包含着科和属的概念。同时代的欧洲博物学家，在动物学方面主要是描述动物各个不同的种，在他们的著作中还看不到自然分类的概念。屠氏在《海错疏》中应用的动物分类法，在当时显然是比较先进的。

如以上所述，《闽中海错疏》对所记载的水产动物，基本上是按照自然分类的原则进行分类的，而记载的内容包括动物的名称、形态、生活习性、地理分布和经济价值等，与现代动物志的编写方法极为接近。在明代以前，我国没有水产动物志，甚至动物学专著也不多，动物学知识主要散见于医学和农学著作中，还没有形成一门有系统的动物科学。在这样的历史条件下，屠本畯能写出一部含有自然分类概念的水产动物志，在我国为最早，在世界上也找不到前例，这是值得在生物学史上给以高度评价的。

八

农业科技

（一）农书的特点与成就

1. 特点

明代农书具有哪些特点？它又是如何形成的呢？王达认为，从宏观上看，大致可归纳为三个特点：

第一，专著多。明代农书的重要特点是专业性书籍大量涌现。明代以前的农书，一般是综述农业生产兼及居家日用，而以某一单项为著述对象的则较罕见，有之也只限于茶、果或花卉的少数几部。明代就大为改观了，已有一系列只对某一种作物（或动物）进行特定阐述的专著问世，如《稻品》《芋经》《木棉谱》这些著作记述得相当具体、细致。它们的出现，是农学史显著进步的又一重要标志。

值得指出的是，这一时期蚕桑专著的增加尤为突出。明代海禁取消，中外物资交流频繁，洋商纷纷争购丝绸，中国蚕业为之一振。蚕桑在农家经济中占有如此重要的地位，无怪乎各地农民普遍关注和纷纷学养。学习除观现场外，将他人经验形于文字、纂成书籍的蚕桑专著当是需求的主要对象。因此刺激了各种形式的蚕桑资料大量问世。

第二，地区性农书多。农业生产的重要特点之一是受大自然制约性很强。我国地域辽阔，各地土质、地形、气候等条件千差万别。明代以前农书侧重反映北方情况，失之于笼统和一般化，因之在具体地区的生产实践上，其参考价值未免减弱。明代，具有较强地区特点的地方性农书陆续面世，正因为这些著作较为真实地反映了该地区农业生产的详细、具体内容，读起来比泛论常谈的农书更感生动、亲切，并对现实生产富于参考、指导意义，因而受到人们珍视和器重，成为我国农学宝贵遗产的一个重要组成部分。

这一时期地区性农书广泛出现的原因很多，主要的除上述受"经世致用"思想影响外，与生产力和科技知识的提高、地主经营的增加及社会经济发展的需要有着直接的关系。

第三，近代农学有了萌芽。以经验积累作基础的传统农学和以科学实验为依据的现代农学，是两个既有联系而又属于不同阶段的历史产物。我国以精耕细作为特征的传统农学奠基很早，公元前 3 世纪的战国时期已粗具规模，而且在许多方面处于国际领先地位。但由于种种原因，进入近代农学却步履蹒跚，直到明代时期才见端倪。

明代农书中反映近代农学萌芽的主要表现为：传统农书的论述中蕴含着某些近代农学的因素，如《天工开物》已提出了农业生产技术措施中的数量关系和品种培育选择上的杂交优势。传统农书（及丛书）中已列入了近代农学篇章，如《农政全书》中就收有近代水利著作《泰西水法》两卷。

2. 成就

农书是反映农业生产力、科技水平和农学思想的重要典籍之一，明代农书当然也不例外，现在让我们来约略地考察一下这一时期的农书有哪些主要进步和重大成就。

（1）在农学思想理论方面

第一，推进农学思想理论化之尝试。明代以前的农书，有的虽对农业技术有较详的记载，但由于历史的局限性，难得提到理论的高度来认识和阐述，南宋的《陈旉农书》对田庄的经营管理领域似曾有所涉及，然亦未突破俗套。明代农书在这方面确有较大的进步，首辟蹊径的是明代《农说》一书。

《农说》，江苏溧阳马一龙撰，它从阴、阳、水、火的升降、消长、变化的角度探讨了作物生长、发育的内在规律及耕作管理的相应措施等问题。它在谈到作物与环境关系时提出："含生者，阳以阴化；达生者，阴以阳变，察阴阳之故，参变化之机，其知生物之功乎！"又说："亢而过泄者，水夺；敛而固结者，火攻。"所说虽有些令人费解，也未摆脱古人阴阳生克的传统影响，可是它能大胆地把这种学说与农业生产的原理原则联系起来，试图系统地阐明其辩证关系，当是了不起的历史性进步，为后来我国农学思想和理论的发展别开了生面。

第二，"人定胜天"论之明确提出。农业生产在很大程度上受制于自然条件，在生产技术还较落后的古代尤其如此。战国时期《荀子》虽然已有"戡天"和"制天命而用之"的提法，但在农业上大量反映的却是"趋时""顺时""应时""得时"的概念。六朝时的《齐民要术》等也还只以"顺天时、量地利"作为指导生产实践的准则，可是发展到明代，《农说》遂首先提出"力足以胜天"的响亮口号。它说："力不失时，则食不困；知时不先，终身仆仆尔！知时为上，知土次之，知其所宜，用其不可弃，知其所宜，避其不可为，力足以胜天矣。"这里不仅提出"力足胜天"的科学命题，而且具体描述了如何发挥"人力胜天"。这是农学史和农业思想史上的一个重大进步。其后《群芳谱》的"人力夺天工"，《花镜》议论种花木"人力亦可以夺天工，夭乔未尝不在吾侪掌握之中"等，都是上述思想的直接继承和发展。

依照他们的认识，只要能适应植物的特性，满足其对光、温、水、气等生育条件的要求，采取恰当的栽培措施，就可以达到人们需要的结果。这在《农政全书》中说得更清楚，《农政全书》曾引邱濬的话说："地土高、下、燥、湿不同，而所生之物有宜有不宜焉；土性虽有宜不宜，人力亦有至不至，人力之至，亦或可以回天，况地乎！"该书还说："所谓土地所宜，一定不易，此则必无之理。……果若尽力树艺，殆无不可宜者，就令不宜，或是天时未合，人力未至耳！"这种具有很高科学水平的人定胜天思想，是我国一向重视人的主观能动性、不唯风土论思想发展的又一里程碑，它对明清以来引进、推广新品种，采用新技术，克服旧观念，促进生产力不断发展，无疑起了重大作用。

第三，"三宜"原则之形成与应用。农业以大自然为活动舞台，其结果好坏，与环境条件关系极大，我们先民在实践中对此早有体会并逐步深化。约在公元前3世纪的《孟子》就明确提出"不违农时"的重要意义；13世纪《农桑辑要》又对时、地与农业之关系作了精辟的论述，大意是《齐民要术》所说播种有上、中、下三时，大概是以洛阳为准的，实际上远离洛阳的南、北、东、西，及山、川、原、隰，寒暑各有差异，"苟比而同之，殆类夫胶柱而鼓瑟矣"。如果说元以前人们对时宜、地宜已有一定认识的话，那么明清期间对"物宜"也有了相当了解，从而完善了因时制宜、因地制宜、因物制宜的"三宜"论的体系，这是农学思想上的一大发展。明代《农说》谆谆告诫人们，种庄稼能

"合天地、地脉、物性之宜而无所差失，则事半而功倍矣。"

（2）在经营管理技术方面

合理经营、讲究效益，"相继以生成，相资以利用"，是我国农业优良传统的重要组成，但这也只在明代的农书中才有较全面、深刻而系统的著录。

精打细算合理利用农业资源，经营成败的重要因素在于算计，这在《沈氏农书》中得到充分反映，沈氏曾凭借在劳力、资金、技术方面的优势，常到苏州或长兴买大麦或酒糟，再加工酿酒。酒则出售或饮于雇工，酒糟养猪，猪肉、仔猪及副产品自用或出售，猪粪是优质肥料，就地施用，又省下了购买和运载费。所以他颇有启示性地说："耕稼之家，惟此最为要务。"在废物利用上他也有意义重大的论述："种田地利最薄，然能化无用为有用；……何以言之？人畜之粪与灶灰脚泥，无用也，一入田地，便将化为布帛菽粟。"

明代农书中所记载的在重视经济效益的经营思想指导下，开展多种经营、发掘潜力、充分合理利用农业资源，维护生态平衡，争取常年收入均衡等方面的经验、教训，对今天农业现代化建设，仍不失于有益的借鉴。

（3）在著述范围、形式方面

第一，创救荒植物著述之先例。《氾胜之书》和《齐民要术》已总结出种稗、芋、芜菁等以"凶年代食"的经验，以后代有发展。不过当时只有片段记述或语焉不详，并未出现系统知识的专著。唯到明清期间，随着生产、科技的发展，也因明代自然灾害特多，所以备荒成了当时农学发展的主要特点之一，一些有识之士，积极探索野生植物资源和可以食用的部类，编纂救荒专著。如明太祖的第五子朱橚收集植物 414 种植于王府，召精工绘之成图，刊之成书，并载明其形态、产地、可食部分与食法等，这就是我国颇具影响的第一部以救荒为主的本草学——《救荒本草》。以后陆续刊行了《野菜谱》《茹草编》等多种。这些救荒专著问世后影响很大，一版再版，《救荒本草》还流传海外，并被日本多次翻印。

在研究救荒策略方面，明代一些开明学者和热心人士，曾对数以百计的野蔬杂果，一一进行了仔细品尝、鉴别且图文并茂地详加介绍。它不仅对广大劳动人民在减轻虫、病、灾、荒所造成的痛苦方面有一定意义，而且对促进荒政、本草、植物生态等学科的发展均作出了相当贡献。

第二，开植物书籍图示之先河。我们先民对于植物早有研究并在古籍中作了大量著录，但是由于对其性状、特征缺少细致的描述或绘出图样，因而我们在辨别古代某些作物时产生了许多困难。如黍、稷、粟等，是我国古代北方普遍种植的作物，然而要就某处所提的究竟是黍？是稷？还是粟？至今仍是一个难解的谜，成为农史界打不完的"官司"。又如古籍上的梁、甘薯、千岁子等的名实，均属众说纷纭的问题，为什么？就是因为原书记载失之笼统，无具体的形象描述或图示，后来的注释家有的又缺乏实际知识，或轻率臆断，讹传既久，便混乱不堪，以致今天难分泾渭。

明代不少农书在解决上述问题上，前进了一大步，有的对农作物甚至野生植物的形态特征，不仅有文字的详细描述，而且还精工绘制了生动、逼真的图形，名实极易辨析。前述《救荒本草》就是一个典型。该书明代嘉靖四年的刻本中有的图像相当精致，美国植物学家李德曾倍加赞赏，他说当时欧洲同类型的书是无法与之相比的。

（二）水土保持理论

1.沟洫治黄理论与"天下人人治田则人人治河"思想

汉贾让的"多穿漕渠""使民溉田""分杀水怒""兴利除害"的治

黄主张，是治黄史上最早出现的沟洫治黄论。马宗申先生认为，宋、金以来，黄河溢决和改道频繁，单纯依靠堤防和"增卑培薄"的治黄方法，渐为人们所怀疑。自元末宋濂《治河议》倡沟洫之论，降至有明一代，沟洫论更是极一时之盛，周用、徐贞明、徐光启等许多著名的治水专家和农学家，均主张沟洫治黄，从根治黄河，特别是从水土保持的角度看，以面上的治理为重点的沟洫论，要比专以治理堤防为重点的"束水攻沙"论，有着更为重要的意义。尤其在周用提出"使天下人人治田，则人人治河"的思想后，使得原来的沟洫治黄理论有了进一步的发展，使它在水土保持方面的意义大大提高。

周用，江苏吴江人。嘉靖二十二年（1543）四月，奉命总理河道，负责治黄工作，上过一个《理河事宜疏》，专谈"治河"与"垦田"两者的关系。他认为治河与垦田同为关系国计民生的大事，而且彼此间有着相互制约、相互促进的辩证关系，孤立地解决其中任何一个，将不会成功。他说："治河、垦田，事实相因，水不治则田不可治，田治则水当益治，事相表里。"如何一举将两件大事同时搞好呢？他的答案是："使天下人人治田，则人人治河也。"这就是说应该从治理农田开始，只有这样才能"一举而兴天下之大利，平天下之大患"。这在当时是一个十分先进的思想，周用的这一思想已由黄河下游干流的治理，扩大到全流域面上的治理，由治理堤防转向治田，由单纯治水发展到结合农业生产，也就是说由消极防御转到积极治理，由治标转到治本。

自从周用以后，徐贞明、徐光启等有识见的水利科学家无不将治水和治田紧密地结合起来，徐光启在《旱田用水疏》中，曾将旱田水利化的好处概括为四个方面。第一是可以尽地力。他指出土地不能尽开的原因即为水利不修。第二是可以救旱、防旱。他说，只要灌溉的方法对头，那就没有不可浇灌的土地，就不会有干旱；另外还由于把大量的水分散贮蓄在广大的农田之间，土壤温度适中，蒸发形成云雾，降雨比较容易，故又可以防旱。第三是可以救涝、防涝。他说，灌溉渠系四通八达，可用于蓄水也可用于排水，故可以救涝；另外还由于水流遍布各地，使气候得到调节，既会时常降雨，也会时常天朗气清，不会形成霖雨，故又可以防涝。第四是可以防治江河水患。他说，

徐光启

徐光启较早师从利玛窦学习西方的天文、历法、数学、测量和水利等科学技术，毕生致力于科学技术的研究，勤奋著述，是介绍和吸收欧洲科学技术的积极推动者，为 17 世纪中西文化交流做出了重要贡献。

讲求水利的结果，必然会是遍地农田，沟洫纵横，可以分蓄洪水，减少江河洪水泛滥的危害。

胡定继周用、徐光启之后，提出了"汰沙澄源"的治黄方针，主张在黄河中游黄土丘陵沟壑区打坝拦泥，淤地种麦，借以减少进入黄河下游的泥沙，达到使河水变清和根治黄河的目的，这是在治黄问题上的一个极为有意义的新倡议，是周用、徐光启等人"治田即治河"思想的新发展。

2. "治水先治源"理论

万历年间水利学家徐贞明的《潞水客谈》，是一部专谈西北水利问题的著作。书中就治水问题提出了一个比较重要的理论，叫"治水先治

源"。就是主张在治理常常泛滥成灾的河流时，首先从它的发源地治理起，然后再依次及于中游和下游，徐贞明所说的"治水先治源"，实际上就是治水先治河流上源水土流失严重的山区。因此不难看出，这一理论与水土保持的关系是如何密切。

徐贞明在治水问题上，和我国历史上许多有远见卓识的治水专家一样，有着一个共同的指导思想，这就是他所说的水"聚之则害，而散之则利；弃之则害，而用之则利"。他认为，人类对地面的水源不加以利用，听其自流，它们便会汇聚为泛滥成灾的洪水；反之，如果能积极发展农田水利，将水散播于田野沟洫之间便不会有洪水发生，从而便能变水害为水利。为此，他认为治水的关键，是要使天地间的水散而不聚。在治河时，如何使原来为害的洪水散而不聚呢？在河流的哪一部分采取"散水"的措施最为合适呢？他主张最好是从河流的源头开始实行散水，他说"源则流微而易御，田渐成则水渐杀，水无汛溢之虞，田无冲激之患"；又说"得水利成田，而河流渐杀，河患可弥"。

由此可见他主张"治水先治源"的原因，是因为上游水势较弱，便于控制、利用。散水的办法则是自上而下，利用河水，将两岸土地依次改造成水田，经过这样层层散水，河流的水势必然被削弱，水患也会因之消除。他以桑干河为例说，历代只注意在下游卢沟桥一带筑堤堵防，花了不知多少钱，并未取得效果。现在又有人在中游的保安（今河北省涿鹿县）境内，实行河滨造田，恐怕也难保不被大水淹没，他主张应在桑干河上游山区的山西省浑源县开始引水造田，这样做不但可以保住保安新造的水田，而怀来以下京、津一带的水患亦可免除。

徐贞明同周用所主张的治水方略都是从垦田和治理沟洫开始的，而且徐贞明还进一步提出了通过治理黄河中上游主要支流，特别是治理各支流的上游达到根治黄河的思想，即"治水先治源"的理论，这在今天仍有着重要意义。

徐光启在《旱田用水疏》中，用扩大旱地灌溉面积来代替徐贞明修造水田的办法，使"治水先治源"的理论在水土保持工作中更具有实践意义。徐光启还将利用水源和治田的方法归纳为以下六种：

第一，水源高于农田时，可采用开沟引水的方法，进行浇灌。

第二，溪涧在农田旁边，水位比农田低时，有两种利用方法：水势急、流量大的，可以筑坝，使水位升高，再进行引灌；流势慢，流量小的，可用水车把水引上来进行灌溉。

第三，水源比农田高很多，可把山坡修成梯田，节级受水，自上而下，入于江河。

第四，溪涧流水距高农田较远，水位比农田低，也有两种情况：一是水流较缓水量不大，可先开沟将水引到田边，然后用水车升高水位进行灌溉；另一种情况是，水势急，流量大，可筑坝提高水位，然后开沟引至田间。

第五，泉流在一边，农田在另一边，中有沟壑阻隔时，可修引水渡槽导流至田间。

第六，平地仰泉泉水旺盛时，可以开沟引灌，泉水不大时，可就近挖凿池塘，将它蓄积起来，集中使用。

徐光启在这里指出的水源，不外是山上的流泉、平地的仰泉及山涧溪流，而他所说的田，主要指山上的梯田和沟谷川台地，他建议采取的具体技术措施，则为修建坝堰、陂塘，开渠引水，兴修水平梯田和川台地等，同时他还特别强调在山区引水灌田时要注意防止流水冲刷，总结了群众创造的用"水莠"来防止冲刷的技术经验。这些观点和办法，都具有水土保持的意义，大大丰富和充实了"治水先治源"这一理论的内容。

（三）《便民图纂》与《沈氏农书》

1.《便民图纂》

明代月令体裁的农书不少，但成就不高。像取材于《农桑衣食撮要》、由朱权撰著的《臞仙神隐书》，及抄撮旧籍无所发明、由戴羲编写的《养余月令》等，不仅缺乏新的内容，而且又多是寄情寓性漫不经心之作。陈鹤鸣的《田家月令》又没有传世，所以这里就权以《便民图纂》为例来说明有明一代月令体裁农书演变的情况。董恺忱先生认为，《便民图纂》和《居家必用》《多能鄙事》等相类，应是属于所谓农家日用百科全书这类农家或小市民手册性质的通书。但是由于它仍包含了一定的农业技术内容，一般都还是把它列入农书的范围。

本书的作者邝璠，河北任丘人，但《四库全书总目》将该书列入杂家类，不载作者的姓名，后来一些书录曾加以辨析。据王毓瑚先生考证，邝氏可能并非本书的作者，而是由他第一次刊印，像这样的通书多半不是出自一时一人之手。万国鼎先生认为可能是邝氏根据前此成书的《便民纂》改编的。总之多所沿袭较少新意该是事实。它在明代曾被多次刊印，流传很广。《农政全书》和《本草纲目》也都引用过，可见它还有一定价值。1949 年后曾据郑振铎收藏的万历本影印，西北农学院古农书研究室曾据明嘉靖本校注，于 1954 年排印过。

《便民图纂》所记的是江苏吴县（今

郑振铎

郑振铎是中国近现代杰出的爱国主义者和社会活动家、作家、文学评论家、文学史家、翻译家、艺术史家，也是著名的收藏家。

江苏省苏州市）一带的习俗、行事。全书16卷，依次为农务图、女红图、耕获类、桑蚕类、树艺类（上、下）、杂占类、月占类、祈禳类、涓吉类、起居类、调摄类（上、下）、牧养类、制造类（上、下）。卷八至卷十的月占、祈禳、涓吉三类完全是迷信的东西。全书一半是讲农事以外的事物，但其中所记医药、卫生等事宜，亦自有其参考价值，未可完全否定。

就全书的技术内容来说，它虽辑录了一些从《齐民要术》到《种树书》的一些旧材料，但也反映了当时江南太湖地区新的技术成就。杂占类大部分抄袭自《田家五行》和《田家五行拾遗》。制造类包括的内容比较多，如酿造、保藏和加工等，虽然大部分属于农事之外的活动，但和小生产者的生计还是密切相关的。

2.《沈氏农书》

《沈氏农书》大约是明朝末年，由一个姓沈的人撰著的，故称《沈氏农书》，作者身世不详。后来由清初的张履详加以校订，和他自己所增补的部分合刊，前半部分是沈氏所作，为上卷，分四个部分，下卷即张氏续补的，故又称《补农书》。由于这两部分成书年代有前后之差，而且又不是出自一人之手，所以有人把它当作两本著作，分别加以著录，但是也有人把四部分合在一起，有时题《沈氏农书》，有时称《补农书》，或是用《补农书》后边加注"也称沈氏农书"的办法来区别。

总之，《沈氏农书》是江浙间桐乡地区的地主阶级经营农业的记录，不仅是生产技术，而且经营方法也有很值得重视的地方。从全书内容来看，上卷"首以月令，以辨趋时赴功之宜"，在题为"逐月事宜"的这部分，实质上是一篇农家月令提纲，每月一条，共12条，逐月按天晴、阴雨、杂作、置备四项，记载了全年一应有关的农事活动，对生产、加工、经营等事条详加分析。以下"种田地法"20条，讲水田耕作；"蚕务"9条，包括六畜的饲养；最后的"家常日用"21条是加工调制。下卷分三个部分，即"补农书后"22 条，"总论"9 条和"附录"8 条，这部分是张氏"以身所经历之处，与老农尝论者，笔其概"，以补沈氏之所未备。

《沈氏农书》开头以时系事的"逐月事宜"部分，虽只简略地列举了年内应做之事，但可看出生产的概貌和特点。后来的几个部分则就有关的问题详加论述，具体分析了生产中一些关键问题，能够较深入地反映出当时的技术成就和经营水平，两者相辅相成、互为表里。这样的处理安排，兼顾了广度和深度，可见作者是颇费了一番心力的。《沈氏农书》反映出来的经营理念虽然还是封建式的而不是资本主义的，但从处处精打细算，事事讲求实效来看，确是一个干练的经营地主的手记。从全书上下两卷的比较中还可看出，在经济上沈氏是以水稻生产为主而兼及种桑，稍后的张氏则重桑而兼及水稻生产，它反映了明清之际太湖地区一些地方由生产商品粮食转变为生产商品蚕丝的情况。这的确反映了经济作物生产的增长使粮食不足，从而要从他处买入，使得粮食生产商品化的规律，说明在商品经济因素不断增长的过程中，社会正孕育着重大的变化。该书在技术上最为突出的是有关地力的维持和培育的问题。

（四）番薯的引进和传播

1. 番薯的引进

番薯有山芋、红苕、红薯、地瓜等名称，但一般写作"甘薯"。

番薯非我国所原有，而是从海外引进的。那么它是从哪里引进，什么时候引进的呢？章楷先生对此进行了研究。

番薯

番薯是一年生草本植物，地下部分具圆形、椭圆形或纺锤形的块根，茎平卧或上升，偶有缠绕，其叶可食用。

据西方文献记载，南美洲的番薯被哥伦布首先带到西班牙。16 世纪时，西班牙已广泛栽培。1521 年，麦哲伦到达菲律宾，番薯又从西班牙引种到菲律宾。据《金薯传习录》记载，福建种番薯，最初就是从菲律宾的吕宋传来的。

《金薯传习录》是清乾隆时人陈世无所辑。书中有他的高祖陈经纶于明万历二十一年（1593）六月向福建巡抚金学曾献薯蔓和栽培方法的禀帖。

从陈经纶的两次禀帖中，我们可以清楚地知道，番薯是在万历二十一年（1593）由陈振龙从吕宋带回试种，次年福建巡抚金学曾加以提倡推广。陈振龙是福建长乐人。长乐离福州市极近，后人为了纪念带回番薯的陈振龙和提倡种番薯的金学曾，在福建乌石山建立"先薯祠"，奉祀金学曾和陈振龙。

苏琰撰的《朱蓣疏》记载泉州引种番薯的经过：

万历甲申（1584）、乙酉（1585）间，漳潮之交，有岛曰南澳，温陵（泉州古称）洋舶道之，携其种（指薯种）归晋江五都乡曰灵水，种之园斋，苗叶供玩而已。至乙亥、戊子（1587—1588），乃稍及旁乡，然亦置之硗确，视为异物。甲午、乙未（1594—1595），温陵饥，他谷皆贵，惟蓣独稔，乡民活于蓣者十之七八。由是名曰朱蓣，其皮色紫，故曰朱。

苏琰是福建泉州人。当地人记当时事，当属可信。苏琰说泉州的晋江种薯在 1584—1585 年，而陈振龙和金学曾在福州引种和推广番薯在 1593—1594 年，泉州种番薯比福州约早十年。

和苏琰差不多同时代的福建人周亮工，在《闽小记》中也说："番薯万历中闽人得之外国，瘠土砂砾之地皆可以种，初种于漳郡，渐及泉州，渐及莆。""莆"指莆田县（今为莆田市），属福州府。《闽小记》说泉州种番薯早于福州，这和苏琰所说是一致的。而漳州又早于泉州。大概因漳州距吕宋最近。从大陆去吕宋，由漳州的厦门出海；从吕宋回来，也在厦门登陆。漳州去吕宋的人可能多些。漳州沿海地方先种番薯，泉州沿海地方迟些，福州沿海地方又迟些，这是很可能的。

2. 番薯的传播

番薯从菲律宾引种到福建，经过一二十年的逐渐扩展，在闽粤二省部分地区的栽培，已相当普遍，并在救荒中起一定作用。所以徐光启在《农政全书》中说："闽广人赖以救饥，其利甚大。"万历三十六年（1608），长江下游旱荒，其时徐光启正因父丧在上海。他听说番薯是一种很好的救荒作物，于是请托一位姓徐的人，从福建莆田把薯蔓插植在木桶中，春暖后连木桶运到上海栽种。徐光启是最早把番薯运过南岭，引到长江流域的人。

据徐光启在《甘薯疏》中说这位姓徐的人曾为徐光启三次运种到上海。反复三次远从福建求种，说明徐光启在冬季藏种上曾一再失败。他在《农政全书》中介绍五六种番薯藏种方法，也反映他认识到种薯能否安全贮藏过冬，是把番薯从岭南引种来长江流域成败的关键所在。

徐光启介绍的最主要的两种藏种方法，一种是用稻草筑成二尺见方的坑，坑底和坑的四周的稻草都要堆得很厚。坑中堆种薯，缚竹为架，罩在种薯上。上面再覆盖很厚的稻草。另一种方法是堆尺余厚的稻草垫底，上铺尺余厚的草木灰。种薯埋在草木灰里，薯上再用草木灰覆盖，并铺上很厚的稻草。

番薯虽然早在 1609 年就已跨越南岭，来到长江下游的上海，可是在长江下游地区，17 世纪中叶以前的文献中，很少提到番薯。因此我们怀疑，虽然徐光启很早就在上海引种番薯成功，但在相当长的时期中，这种作物在长江下游地区似乎并没有多大发展。

可见番薯自引进我国后，最初局限于闽粤将近一个世纪。17 世纪后期开始向江西、湖南等省及浙江沿海地区扩展，18 世纪中叶更向黄河流域及其以北地区扩展，最后普及于全国。

番薯有许多特有的优点。例如单产很高，比较耐瘠耐旱，栽培比较省力，不像谷类作物那样费工。我国古代常有蝗灾，番薯受蝗害较轻，《金薯传习录》上说："蝗过而叶可复萌，俭岁亦收。"可见番薯不像谷类作物受害严重。番薯又不像谷类作物有一定的成熟期，块根可以提前采收，在救荒和轮作上有很大便利。所以《金薯传习录》说："百谷登场，必待成熟，而薯则发生即熟，采取随人。"番薯"生熟皆可食"，"饥可果腹"，"馑可充蔬"，"可以酿酒"，"可作饼饵"，用途很广。因为有这许多优点，所以它引种到一个地方，很快就成为这地方很重要的一种作物。番薯的引进和传播，在我国农业史上应该说是一件大事。

九 / 医药学

（一）药物学

　　明代的药物学著述，主要有两大特点：一是数量多，超出了元代以前历代的药物学著述，其中又以个人编著者占绝大多数；二是内容丰富，既有集大成者，又有着重于临证治疗使用或某一方面而编撰者，既有"博"，又有"约"，因而出现了多种多样的药物学著述。

1. 综合性本草著作

　　《本草集要》　　编撰者王纶（1453—1510），字汝言，号节斋。远祖居陕西铜川，五代时迁浙江慈溪，出身于明代官宦。王纶幼习儒业，甲辰年（1482）举进士，历任主客员外郎、参政、布政使、都御使等官职。先后编撰《本草集要》《明医杂著》《医学问答》《节斋胎产医案》《节斋小儿医书》等。《本草集要》的编撰目的是"止取其要者，以便观览"（作者自序）。全书分三部：上部一卷为总论，主要依据《神农本草经》等前人著作，论述本草大意、汤药丸散剂型、方剂配制分量、用药之法等；中部五卷，系"取本草及东垣丹溪诸书，参与考订，删其繁芜，节其要略"（《本草集要·凡例》）而成，载药 545 种；下部两卷，根据药性所治，将药物分为 12 门，包括治气、治血、治寒、治热、治痰、治湿、治风、治燥、治疮、治毒、妇人、小儿。每门之中又分成二至四类，如治痰门内分为治热痰虚痰药、治湿痰行痰药、治寒痰风痰药、消克痰积药共四类。这种将药物按性能分门别类，发展了陶弘景的通用药分类法，对临病用药制方，确能起到易于检寻的作用。

《本草品汇精要》　　这是明代唯一由朝廷命令编纂的本草学专书。刘文泰、王槃等具体负责，参加这项工作者达 40 余人。此书定稿于弘治十八年（1505），共 42 卷，分为玉石、草、木、人、兽、禽、虫鱼、果、米谷、菜共十部，共收载药物 1815 种，分上、中、下三品。

《本草品汇精要》书首分别以"神农本经例""采用斤两制度例""雷公炮炙论序"引述古代有关中药学基本理论、药物炮制方法、剂型种类、配伍与宜忌等内容。对每种药物之介绍，先引《神农本草经》《名医别录》《本草拾遗》以及唐、宋医家对本草的记载，列举其功能主治，然后按"二十四则"详述各药之内容。二十四则为：名（药物名称与异名）；苗（药物生长状况）；地（产处）；时（采集时节）；收（蓄藏）；用（药用部分）；质（形态）；色（色泽）；味（酸、辛、甘、苦、咸）；性（寒、热、温、凉、收、散、缓、坚、软）；气（厚、薄、阴、阳、升、降）；自（腥、膻、香、臭、朽）；主（主治）；行（所行经络）；助（相使之药物）；反（相畏、相恶之药物）；制（炮制）；治（治疗功效）；合治（合治取相与之功）；禁（戒轻服）；代（代用品）；忌（避何物）；解（解毒）；赝（辨真假）。此书是继宋代《证类本草》之后的一部较有分量的药物学专书，列目详细，叙述精要，绘图考究，不失为一部有价值的参考书。

《本草蒙筌》　编撰者陈嘉谟（约1487—?），字廷采，号月朋，安徽新安人。他对前人之本草著述进行整理，根据《本草集要》次序，结合自己心得和经验加以补充，于嘉靖己未（1559）开始着手编撰《本草蒙筌》，历经七年"五易其稿"始克完成。据该书"凡例"："书名蒙筌，为童蒙作也。筌者，取鱼具也，渔人得鱼山于筌，是书虽述旧章，悉创新句，韵叶易诵，词达即明，俾童蒙习熟济人，却病立方，随机应变，亦必由此得尔，故谓蒙之筌云。"《本草蒙筌》全书12卷，卷一分别论述药性总论、产地、收采、储藏、鉴别、炮制、性味、配伍、服法等。卷一后半部至卷十二共收载药物742种，分属于草、木、谷、菜、果、石、兽、禽、虫鱼、人十部。每种药除载明其别名、产地、采集、优劣、收藏、性味、方剂等之外，还有作者之按语，并绘有药图。

《本草汇言》　倪朱谟（字纯宇）编撰。作者钱塘（今杭州）人，生卒年代与生平不详。他认为《本草纲目》以前各种本草著述，内容每多重复，因此对《神农本草经》至《本草纲目》40余种本草书进行总结汇集，并作了若干订正补充，"甄罗补订，删繁去冗"，取名"汇言"，用意是"志复也，志纯也"（《本草汇言·凡例》）。天启甲子（1624）由其子倪洙龙刻印出版。全书20卷，载药约670种。书首刻有本草图数十种。卷二十摘录《素问》《灵枢》重要论述作为用药纲领，同时还引用《本草纲目》以前诸本草书的中药理论。

2. 区域性本草著作

《滇南本草》　编撰者兰茂，约生于明代洪武三十年（1397），卒于成化十二年（1476）。兰茂学习医药，起因于母病。经三十余年学习实践后，撰成图文对照的《滇南本草》，并写成《医门揽要》等，但并未刊行，仅以手抄本在小范围内流传。

嘉靖年间，滇南范洪由于应用《滇南本草》所载附方获得疗效，因此将其抄本进行整理，并结合自己所学，于嘉靖丙辰（1556）重新编成《滇南本草图说》。该书的主要特点为：一、在医学史上最早集中地记载了云南及其附近地区的药物与治疗经验。因兰茂长期生活于杨林，到过昆明、滇南、滇西顺宁（今风庆）、永昌（今保山）以及金沙江畔少数民族地区，因此收载上述地区所产药物达一半多。二、较充分地收载了云南及附近地区少数民族的药物与治疗经验。如阿那斯（纳西语）、格枝糯（大理白语）、帕安俄（傣语）等。三、明确记载了某些药物的鉴别与应用时注意点。如：商陆"有赤白二种，白者可用，赤者不入药；然可研末，调热酒，擂跌打青黑处，神效"；"瓠匏……又分甜苦二种，苦能下水，令人吐，除面目风邪，四肢浮肿；甜能利水，通淋除心肺烦热"；草果药"产滇中者最效"；"土瓜……产临安者佳"。四、所载方剂一般为四五味以内，但疗效颇好。如"灯盏花……小儿脓耳，捣汁滴入耳内"，"左瘫右痪，风湿疼痛，水煎，点水酒服"。又如，对胃寒疼痛、年久不愈者，以法罗海、延胡索、薏苡仁、白术配伍治疗。五、介绍了当地丰富的食疗经验。如"胃气疼，大红袍煮鸡蛋吃"；"白云参煨肉吃，气血双补"；妇女干血痨、恶寒、发热、头痛、形体消瘦、精神短小者，用大蓟二两、水牛肉四两炖服。

3. 考注性本草著作

《本草经疏》 缪希雍（1556—1627？）撰著。《本草经疏》全书30卷，目录次序基本按照《证类本草》，对部分混杂如木部之藿香、菜部之假苏，予以更正。该书的第三十卷为"补遗"，其中包括《证类本草》第三十卷所载有名未用之药而今为常用之物，以及《神农本草经》未载而《本草拾遗》虽载却不详者。此书体例，除记载药名、性味、功效、炮制外，最突出之处为专列有疏、主治参互、简误三项栏目，且内容相当详细，因此具有较大参考价值。

（二）方剂学和炮炙法

明代的方剂学，继续有较大的发展，在理、法、方、药的研究与论述方面，都有所提高。这时期，除了在各种本草著述之中，不同程度地论述了方剂的组成、功效、用法等之外，有关方剂学的专书也明显增多，而且内容丰富。我国古代最大的一部分书就是产生于明代。

1. 方剂学

《普济方》 明初朱橚与教授滕硕、长史刘醇等编撰。原为 168卷，自明初刊行以后，原刻本散佚。幸《四库全书》将其收录，改编为 426 卷。此书之编次分别为方脉总论、药性总论、五运六气、脏腑总论、脏腑各论（按人身头面、体表、五官、口齿和内部脏腑器官，分述各种病候）、伤寒杂病（包括各种急性、慢性传染病与内科疾病）、外科伤骨科、妇产科、儿科、针灸等。每种病证，有论有方。除记载药物与针灸治疗方法，还介绍了按摩、导引治疗经验。本书搜罗广泛，资料丰富，不仅在中医方剂史上有着重要价值，同时在保存古代医学文献上也有贡献。

《奇效良方》 全名为《太医院经验奇效良方大全》，原书系明代正统年间（1436—1449）太医院使董宿编辑，但未全部编成而病逝，后经太医院判方贤继续补充和编成。之后，又经御医杨文翰校正后予以刊行。

本书主要按证候分门，还有则依病因、疾病部位、治疗方法而分，共 64 门，载方七千余首。方之前有论，以《内经》《脉经》等为理论根据。主要收集宋代至明初医方，包括内、外、妇、儿、杂病等各科病证的医疗方剂。但其中也有不少须慎重考虑者，如有些治疟丸含"好信"（砒霜）分量较大。此外，书中夹杂了封建迷信内容，如配方时忌妇人、忌孝子、忌鸡犬等，须加批判。

《医方考》 作者吴崑（1552—1620？），号鹤皋，安徽歙县人。书中所收方剂，依证候而分为72门，每列一证，先述病因，次辨诸家治法，然后汇集名方。此书优点为对方剂之命名、药味组成、方义、功效、适应症、加减应用、禁忌等作了扼要论述，条理清楚，因证致用，有较高参考价值；缺点是对前人资料兼收并蓄，存在鱼目混珠情况，并掺杂了一些不科学和迷信内容，此外，所收方剂还不够广泛，遗漏较多。

《祖剂》 施沛编撰。施沛字沛然，号元元子，华亭（今上海松江）人。作者收集明代以前著名方剂八百余首，加以编述为《祖剂》一书，成于崇祯庚辰年（1640）。全书共四卷，其中论主方七十首，附方七百余首。以《素问》《灵枢》以及伊尹汤液之方为宗，以仲景《伤寒论》《金匮要略》之方为祖，而选以《和剂局方》，宋、元、明诸医家流传之名方加以归类叙述。作者对所选方剂进行追源溯流，俾于对其有宗有祖可考。

2. 炮炙法

《炮炙大法》 编撰者缪希雍（1556—1627？），字仲淳，号慕台，原籍常熟，后迁居金坛。《炮炙大法》是明、清时期论述药物炮制的较著名专书，不分卷。依药物类别分为十四部，包括水、火、土、金、石、草、木、果、米谷、菜、人、兽、禽、虫鱼。以简明文字叙述四百余种药物的炮制法，并述及药物产地、采药时节、药质鉴别、用于炮制的材料、药物炮制后的性质变化。还简述药物配伍应用时的相须、相畏关系。书末附用药凡例、煎药则例、序次、服药、服药禁忌、妊娠服禁等。

书中"用药凡例"主要论述药剂丸散汤膏各有所宜不得违制，具体说明了各种剂型定义及作用。此外，对于炼蜜时的季节、加水量、炼熬时间、色泽、稠度等，对于方剂中的石药、香药的调配方法与注意点，均作了详述。

《雷公炮制药性解》 李中梓编撰。此书虽着重于药物性能之说明，但对药物炮制、功效及用法，叙述也较详。

（三）戾气学说

1.吴有性与《温疫论》

吴有性，字又可，约生活于 16 世纪 80 年代至 17 世纪 60 年代，江苏吴县（今苏州市吴中区）人。他生活的这个时期，疫病连年猖獗流行。

吴有性目睹当时疫病流行，死亡枕籍的惨状，在总结前人有关论述的基础上，通过深入细致的观察，以及认真探讨、实践后，于 1642 年著成《温疫论》一书，创立"戾气"学说，对温病病因提出了伟大创见。

2."戾气"学说

"戾气"学说的要点，可归纳为：

疫病是由"戾气"引起。《温疫论》原序的第一句话就明确地写道："夫温疫之为病，非风、非寒、非暑、非湿，乃天地间别有一种异气所感"，吴有性把异气也称为"杂气""戾气""疠气"

《温疫论》

《温疫论》是中国第一部系统研究急性传染病的医学书籍。

或"疫气"。他在该书"伤寒例正误"一节中再次明确指出："夫疫者，感天地之戾气也。戾气者，非寒、非暑、非暖、非凉，亦非四时交错之气，乃天地间别有一种戾气。"这就突破了明以前的医家对疫病病因所持的时气说、伏气说、瘴气说以及百病皆生于六气的论点。

戾气是物质性的，可采用药物制服。吴有性说，虽然戾气"无形可求，无象可见，况无声复无臭，何能得睹得闻"，但它确实是客观存在的物质，他肯定地指出："夫物者气之化也，气者物之变也，气即是物，物即是气，……夫物之可以制气者药物也。"

戾气是通过口鼻侵犯体内。《温疫论》写道，"邪从口鼻而入"而人体感染戾气的方式"有天受，有传染，所感虽殊，其病则一"。所谓"天受"，是指通过自然界空气传播；"传染"则是指通过患者接触传播。但是，只要是同一种戾气，不论是"天受"或是"传染"，所引起的疫病则是相同的。

人体感受戾气之后，是否致病则决定于戾气的量、毒力与人体的抵抗力。"其感之深者，中而即发，感之浅者，邪不胜正，未能顿发"；"其年气来之厉，不论强弱，正气稍衰者，触之即病"；"本气充满，邪不易入，本气适逢亏欠，呼吸之间，外邪因而乘之"，"或遇饥饱劳碌，忧思气怒，正气被伤，邪气始得张溢"。这些都是正确地阐明了戾气、人体、疾病三者之间的关系。

戾气引起的疫病，有大流行与散发性的不同表现。"其年疫气盛行，所患者重，最能传染，即童辈皆知其为疫。"此显然是疫病之大流行，而且"延门合户、众人相同，皆时行之气，即杂气为病也"。另一种情况是"其时村落中偶有一二人所患者虽不与众人等，然考其证，甚合某年某处众人所患之病纤悉相同，治法无异，此即当年之杂气，但目今所钟不厚，所患者稀少耳"。这是疫病散发性的表现。

戾气致病有地区性与时间性的不同。温疫"或发于城市，或发于村落，他处安然无有，是知气之所着无方也"。很明显，这是说明戾气致病的地区性特点。而"疫者感天地之疠气……在四时有盛衰"以及某些"缓者朝发夕死，急者顷刻而亡，此又诸疫之最重者，幸而几百年来罕有之"，则是说明戾气致病有它一定时间性的特点。

戾气的种类不同，所引起的疾病也不同，侵犯的脏器部位也不一。例如"……为病种种是知气之不一也""盖当其时，适有某气专入某脏腑经络，专发为某病"。

人类的疫病和禽兽的瘟疫是由不同的戾气所引起。如"至于无形之气，偏中于动物者，如牛瘟、羊瘟、鸡瘟、鸭瘟，岂当人疫而已哉？然牛病而羊不病，鸡病而鸭不病，人病而禽兽不病，究其所伤不同，因其气各异也"。

痘疹与疔疮等外科化脓感染也是戾气所引起。"疔疮、发背、痈疽、流注、流火、丹毒，与夫发斑、痘疹之类，以为诸痛痒疮皆属心火，……实非火也，亦杂气之所为耳。"

该书还提出了治疗疫病的基本原则和注意点。《温疫论》对疫病治疗的基本原则为"客邪贵乎早逐"，"客邪"就是指侵犯人体致病的戾气。为了早逐疫邪，吴有性主张早用攻下法祛邪，但他同时又提出了几方面的注意点："要谅人之虚实，度邪之轻重，察病之缓急，揣邪气离膜原之多寡，然后药不空投，投药无太过不及之弊。"

如上所述，可见"戾气"学说的内容是相当全面的，它对传染病的主要特点基本上都论述到了。特别是在细菌和其他微生物被人类发现之前的200年，吴有性对传染病的特点能有如此科学的创见，的确是十分宝贵的，尤其是他把外科感染的病因，摆脱流传千百年的"火"邪致病说而归之于"戾气"，堪称非同凡响的见解。

在《温疫论》中，作者还就伤寒同温病的病因、侵入途径、证候、传变、治疗等进行比较和区别。由于吴有性在温病学上所提出的卓见和诊治经验，丰富了温病学说的内容，为后来温病学说的发展和系统化奠定了基础。

（四）分支学科

明代，由于许多医家和人民群众的丰富医疗实践，临证各科都取得许多新经验与新知识，并且各科都有各自的发展特点与突出的成就。

1. 脉学

鉴于有的医家，往往仅以脉象一项诊病，所以明代不少医籍强调四诊合参的必要性。《濒湖脉学》虽以论述脉学为主，但书中特别提到："世之医、病两家，咸以脉为首务，不知脉乃四诊之末，谓之巧者尔，上士欲会其全，非备四诊不可。"《简明医彀》在"临病须知"专节内，对四诊作了相当全面的论述。

为了强调问诊之重要，李梴在《医学入门》中提到，习医者须先熟悉问诊，并列出 55 条应询问的事项。张介宾特写了"十问歌"，即："一问寒热二问汗，三问头身四问便，五问饮食六问胸，七聋八渴俱当辨，九因脉色察阴阳，十从气味章神见。"

《濒湖脉学》一书分为两大部分，前部分论述了浮、沉、迟、数、滑、涩、虚、实、长、短、洪、微、紧、缓、芤、弦、革、牢、濡、弱、散、细、伏、动、促、结、代，共 27 种脉象；对每种脉象，首先简明地援引前人之记载，继而以"体状诗""相类诗""主病诗"或"体状相类诗"栏目，分别叙述各种脉象之特点、鉴别及所主疾病。

2. 内科学

在此期间出现了我国医学史上第一本以内科命名的医籍——《内科

摘要》，系薛己（约1488—1558）所著。该书主要为内科杂病200余例医案，列出引起亏损之主要原因有元气亏损、饮食劳倦亏损、脾胃亏损、脾肾亏损、脾肺亏损、肝肾亏损、肝脾肾亏损等，论述其病机、遣方用药、预后及误治等。调补养正是薛己的治病基本大法，尤其强调温补。薛己还兼通外、妇、儿、眼、口齿等科，并且将调补养正的治病法则也应用到上述各科病证中，他编撰的医著颇多，被后人编辑为《薛氏医案》。

明代另一位著名医家张介宾（字景岳），对内科学的贡献相当突出，其医学思想起初受朱震亨的理论影响，赞同朱氏"阳常有余，阴常不足"的论点。后来张氏根据《内经》"阴平阳秘，精神乃治"等论述，转而反对朱氏上述论点，而提出"阳非有余"、"真阴不足"以及"人体虚多实少"等理论。他在所著的《大宝论》《真阴论》《阳不足再辨》等篇章中，反复论述真阴（元阴）、真阳（元阳）对人体的重要性，并且把两者归根于命门的水火，认为真阴真阳是造化之源泉，性命之根本，说"命门总主乎两肾，而两肾皆属于命门。故命门者，为水火之府，为阴阳之宅，为精气之海，为死生之窦。若命门亏损，则五脏六腑皆失所恃，而阴阳病变无所不至"（《类经附翼·三焦包络命门辨》）。并且还认为"凡阴气本无余，阴病惟皆不足"（《类经附翼·真阴论》）、"今人之病阴虚者十常八九"（同上）、"虚火为病者，十中常见六、七……，虚火者，真阴之亏也"（同上）。因此，他力主补益真阴、肾阳，强调在进行补阴时，适当选用补阳药，补阳时适当选用补阴药。他在临证上常用的调补方剂中特别喜用熟地，在《景岳全书·本草正》中高度评价熟地的功效，认为熟地"味厚气薄""阴中有阳""能补五脏之真阴"。

明代力倡温补的又一位医家是赵献可，字养葵，鄞县（今宁波鄞州区）人。他对薛己的温补学说十分推崇，尤其发挥命门之说，认为命门是人身之主和至宝，强调"命门之火"的重要，特撰《医贯》（1687）

一书，其用意即是以保养"命门之火"的论点贯串于养生与治疗等一切问题之中。

明代对内科病证论述较多或较重要的医著尚有：

《医学正传》　虞抟（1438—1517，字天民）编撰，书中主要论述内科病证，并涉及其他各科。每种病证基本上包括"论""脉法""方法""医案"四方面内容，总集各医家一千余医方。

《万病回春》　龚廷贤综合祖传与自己医疗经验，于万历乙卯（1587）撰成。该书在卷二讨论中风时，说应区别"中风者，有真中风、类中风之分"。书中特别提到中风之预防，"凡人初觉大指、次指麻木不仁，或手足少力、肌肉微掣，三年内有中风之疾，宜先服愈风汤、天麻丸各一料，此治未病之先也"。

此书除对中风证治叙述甚详外，对伤寒、伤风、内伤、郁证、痰饮、咳嗽、喘急、疟疾、痢疾、泄泻、霍乱、呕吐、水肿、发热、虚劳、肺痈、结核、便闭、消渴等数十种内科病症之诊治皆作了论述。

《寿世保元》　龚廷贤编撰，系综合性医著。此书卷四"补益"写道："夫人之正气不足曰虚，复纵嗜欲曰损"，认为"致病之因有六焉：一曰气，二曰血，三曰精，四曰神，五曰胃气，六曰七情忧郁"。书中介绍了《和剂局方》的四君子汤、四物汤、十全大补汤等补益方剂的作用与适应症，并认为人参"善补五脏，安精神，健脾胃，生津液"，对虚损者大有裨益。

《明医杂著》　王纶撰。全书六卷，通过对内科学术思想的总结，主张外感法仲景，内伤法东垣，热病用完素，杂病用丹溪。

《证治准绳》　编撰者王肯堂（1549—1613），字宇泰，号损庵，又号念西居士，金坛人。《证治准绳》是作者用了十多年编撰成，包括杂病、类方、伤寒、疡医、幼科、女科共六科，又称为《六科准绳》。

全书以证治为主，每证引《内经》《伤寒杂病论》及金元医家学说，结合己见论述，内容丰富，条理清楚，议论持中，选方较精。

《慎柔五书》 作者胡慎柔，生卒年不详。《慎柔五书》共五卷。卷三、卷四主要为虚损、痨瘵的证治，卷五为医案。

《症因脉治》 明末秦景明著成初稿，后由秦皇士（秦景明侄孙）经30年整理充实定稿。全书四卷，内容有：评价前人证因误治及证因各别治法的不同；依次叙述各病的症、因、脉、治。对内科常见病证如中风、咳嗽、顺逆、胃脘痛、腹痛、便秘、泄泻、呕吐、黄疸等都有详细记述，有较好的实用价值。

《理虚元鉴》 明代论述虚劳的专书，作者绮石（一作汪绮石）。对虚劳病的病因，《理虚元鉴》总结有六因：先天之因、后天之因、痘疹及病后之因、外感之因、境遇之因、医药之因。上述归纳比较全面地概括了虚劳病症的主要原因。

关于虚劳病症的病机，书中认为阳虚之症有夺精、夺火、夺气的不同。绮石对虚劳的治疗，参考李东垣、朱丹溪、薛立斋的经验，予以斟酌灵活应用，提出"治虚有三本"和"治虚二统"的原则。对虚劳病症的防治，《理虚元鉴》着重强调预防和早治的意义，专写了"知节""知防""二护""二守""三候"各节。《理虚元鉴》较详细地论述肺劳症候、治疗、预后、护理与预防，总结出咳嗽、吐血、发热是肺劳的主要症状。认识到其传染性。

3. 外科、伤科理论与实践

明代的外科、伤科均有明显的新进展，主要有三大特点：外、伤科病证理论知识的提高；发明了一些外科手术与外伤科医疗用具；外、伤科著述空前增多。

《正体类要》 薛己撰，论述了正骨手法19条及外科方剂等，介绍了扑伤、坠跌、金创与烫伤医案,除外治之外,对内治之作用比较重视,采用以补气血为主,活血行气为辅的法则,论述比较简明实用。

《外科理例》　汪机撰。外科,明代称为疮疡科,汪机则称之为外科,他认为"以其痈疽、疮疡皆见于外,故以外科名之",因此他将其所撰有关疮肿等疾患之专书,定名为《外科理例》。汪机虽谈到痈疽、疮疡"皆见于外",但他提出"外科必本于内,知乎内以求乎外""所以治外必本诸内"。对外科病的治疗,主张"以消为贵,以托为畏",反对滥用刀针。

《外科枢要》　薛己撰,为疮疡证治专书,以外科病证为纲,将全身疮疡分为30余种,并对筋瘤、血瘤、肉瘤、气瘤和骨瘤作了描述。

《疡医证治准绳》　王肯堂撰,对外科病证诊治有丰富的论述,提出骨伤科医生了解骨骼知识的重要性,记载了多种外科手术的方法。其中有些是中医外科史上的较早记载,如气管吻合术、耳廓外伤整形术,此外,还记述了唇、舌外伤后的整形术,以及头颅、肩胛、颈部、胸腹、腰、臀、脊柱等外伤的急救手术与药物。

《外科正宗》　撰著者陈实功(1555—1636),字毓仁,号若虚。崇川(今江苏南通)人。《外科正宗》主要是他对医学理论与经验的总结。他认为"内之证或不及于其外,外之证则必根于其内也",因此,对外科疾病,他也很重视调理脾胃,主张多采用托、补二法。他记载了鼻息肉摘除术、咽喉食道内的铁针取出术及截肢术等,设计制造了摘除鼻息肉的手术用具,介绍了枯痔散、枯痔钉、挂线等治疗痔瘘的方法。《外科正宗》对皮肤病也有不少记载,如奶癣病名最早见于此书。该书还记述了多种肿瘤,最早详记粉瘤、发瘤与失荣。

4. 女科

明代女科的证治,积累了不少新经验,较著名的女科专书为《女科证治准绳》（1607），王肯堂编撰，收辑女科资料相当丰富。1620 年，武之望以《女科证治准绳》为基础，将女科的经、带、胎、产诸病分列纲目，编撰成《济阴纲目》，有论有方，并加注释，便于临证应用。

除女科专书外，明代综合性医籍中，多有女科内容，如《景岳全书》载有"妇人规"二卷，张介宾在其卷首之总结中，归纳妇人"九证"为经脉、胎孕、产育、产后、带浊梦遗、乳病、子嗣、癥瘕、前阴，共九大类证候。作者摘引前人有关妇女生理、孕育胎产、疾病、病理、治疗等记载，结合自己体会与经验，作了颇为详细的论述。

5. 幼科

明代，幼科所取得的新经验与新知识也是比较突出的，幼科著述相当繁多，较重要者有：

《保婴撮要》　薛铠、薛己父子合撰，共 20 卷。该书内容丰富，论述小儿养护、发育、内科、外科、五官科及传染病各种病症 200 余种，每种病症首论病因、病机与治则，次载医案与各种治法，最后介绍各种方药。书中很重视乳母对婴儿身体与健康的影响，因乳母的体质、情绪、饮食、疾病等因素所引起的婴儿疾病，必须同时医治乳母与婴儿。

《万密斋医书十种》　编撰者万全（约 1495—1580）。万全总结祖辈与自己医疗经验，编撰成《万密斋医书十种》，其中半数为儿科著述，如《育婴秘诀》《片玉心书》《幼科发挥》《痘疹心法》《片玉痘疹》等。万全根据钱乙提出小儿"脏腑柔弱、易虚易实，易寒易热"的论点，认为小儿气血未定，易寒易热，肠胃软脆，易饥易饱。主张"调理但取其平，补泻无过其剂""当攻补兼用，不可偏补偏攻"。万全的著述中，记述了急、慢惊风的病因各有三种，并观察到瘫痪、失语等惊风的后遗症。

《幼科证治准绳》　王肯堂撰（1607），书中内容很丰富，记载了婴儿先天性肛门闭锁的开通手术："……肛门内合，当以物透而通之，金簪为上，玉簪次之，须刺入二寸许，以苏合香丸纳入孔中，粪出为快，若肚腹膨胀不能乳食作呻吟声，至于一七难可望其生也。"

明代还有不少痘疹方面的著述，麻疹病名的出现也是在此时期，最早见于龚信的《古今医鉴》，书中详细叙述了麻疹的症状、并发症、治法与预后，并以证候上与痘疹作了鉴别。在治法上，强调"麻证始终可表，宜照发热门内。煎败毒散表之，表退肌肤之热，则麻子自没矣"。

6. 五官科

明代眼科专书《审视瑶函》　又名《眼科大全》《傅氏眼科审视瑶函》，傅仁宇编撰。傅仁宇，字允科，安徽休宁人（一说江苏南京人），生卒年不详。他摘录前人有关眼科论述，结合本人眼科临证经验，编撰成《审视瑶函》，书稿完成后，由其任职于南京太医院之子傅国栋（字维藩）及婿张文凯进行补充、校编，于崇祯十七年（1644）刊行。《审视瑶函》共六卷。卷之首记述五轮八廓、五运六气及前人医案23例；卷一为总论，内容包括五轮八廓所属论、目为至宝论、钩割针烙宜戒慎论、内外二障论等；卷二论病因病机，主要录自《原机启微》；卷三至卷六主要根据《证治准绳》记述108种眼科病证，将其分为19类进行论述。书中记载了300余首方剂及用药宜忌，分述金针拨障术，以及钩、割、针、烙、点、洗、敷、吹等眼病外治法，并对煮针法、术前洗眼、手术方法与术后护理作了介绍，对小儿目疾与眼科针灸也有所论及。书中还绘图说明多种眼科手术器械及眼科针灸要穴。

王肯堂的《证治准绳》　收载了眼科证候170余种，傅仁宇的《审视瑶函》曾从中转载了大部分眼科病症。

薛己撰著的《口齿类要》　刊于1529年，是现存早期中医口齿科专书，不分卷。论述了茧唇、口疮、舌症（包括舌肿痛、舌生疮、舌出血、舌裂、舌强、舌烦热、舌糜烂）、牙出血、牙蛀、牙龈肿、齿根动摇、齿龈浮肿、齿摇龈露、咽痛、嗌痛、喉痛、喉塞、喉痹不语、咽喉骨鲠、异物鲠塞以及诸虫入耳等之症状与治疗。

7. 针灸学

明代的针灸学著作，数量多于前代，其特点为：多数主要是摘录前人的针灸学论述汇集成书；书中内容多是歌赋形式。明代较著名的针灸学专书有下列数种：

《针灸大全》 编撰者徐凤，字廷瑞，江右（今江西）人。此书共六卷，卷一为周身经穴赋、十二经脉歌、经穴起止歌、十五脉络歌、经脉气血多少歌、禁针穴歌、禁灸穴歌、血忌歌、四总穴歌、千金十一穴歌、治病十一证歌、流注指微歌、通玄弱指要赋、灵光赋等。卷二为转载《标幽赋》全部内容，并进行一些注释。卷三为周身折量法、先论取周身寸法、人体各部穴位。卷四为十二经脉、奇经八脉、各种病证的主治穴位。卷五记载了《金针赋》，此卷内还记述了子午流注法以及烧山火、透天凉等八法。卷六为论述点穴、艾炷大小、壮数多少、点艾火、避忌、治灸疮、忌食、保养等，强调"凡灸后切宜避风冷，节饮酒，戒房劳，喜、怒、忧、思、悲、恐、惊七情之事须要除之，可择幽静之居养之为善"。全书附有不少插图。

《针灸问对》 此书又名《针灸问答》，撰著者汪机。全书共84问，其内容既有《内经》等古代医著及医家有关针灸之论述，也有汪机个人的见解与评论。《针灸问答》的议题颇为广泛，包括针灸理论、经络、穴位、九针、手法、各种病症之针灸治疗、各种针刺法、不同体质者的针刺注意点与禁忌以及对前人论述之评论等。对针与灸之补泻作用，汪机的观点为：针有泻无补，灸有补有泻。对于灸法，汪机认为主要适于阳气陷下，脉沉迟脉证具见寒在外，冬月阴寒大旺，阳明陷入阴水中诸证。认为脉浮或阳气散于肌表者均不宜灸，夏天亦不宜灸。

《针灸聚英》与《针灸节要》　二书均高武编撰。高武在学习钻研针灸学的过程中，深感探索并阐明针灸的源与流之重要，认为"不溯其源，则昧夫古人立法之善，故尝集《节要》一书矣。不究其流，则不知后世变法之弊，此《聚英》之所以纂也"（《针灸聚英·引》）。

《针灸节要》　又名《针灸素难要旨》，主要为摘录《内经》《难经》有关针灸之重要论述，大约于嘉靖己丑年（1592）编辑成书，便于初学针灸者之用。

《针灸聚英》　又名《针灸聚英发挥》，刊于1529年。全书共四卷。卷一为脏腑、经络腧穴。他认为宋代王执中的《针灸资生经》先立诸病目，然后以各腧穴分属"似难于阅"，因此改为以经络腧穴为主，而以所主治之病分属之。卷二为各种针灸方法、东垣针法、某些穴位主治、子午流注以及各种病症之取穴法。卷三为针灸法之论述，包括针具艾炷、针刺手法、灸疮、晕针折针之处理等。卷四为针灸歌赋。高武认为"世俗喜歌赋，以其便于记诵"，因此从各种医籍中转引了针灸歌赋60余首编辑成一卷，该卷之末尚有"杂病歌"，用歌赋记述各科20余种常见病证之症状与治疗。

《针灸大成》　杨继洲编撰。他在家传《卫生针灸玄机秘要》的基础上，从《医经小学》《针灸聚英》《标幽赋》《金针赋》《神应经》《医学入门》等20余种医籍中，节录部分针灸资料予以编辑及注解，并附以自己的针灸治疗病案，编撰成《针灸大成》。卷一为节录《内经》《难经》等古医籍中有关针灸的部分原文，附有杨继洲的注解；卷二及卷三系摘引《医经小学》《针灸聚英》《标幽赋》《金针赋》《神应经》等20余种医籍中的部分针灸歌赋，也附有杨继洲所加注解；卷四叙述取穴法、针具、各种针刺法等；卷五为十二经井穴、子午流注法等；卷六、

九、医药学

153

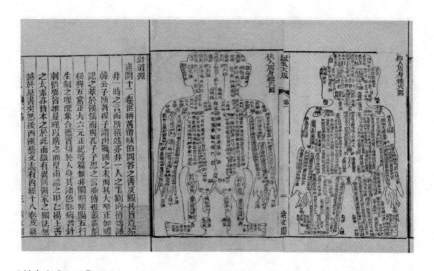

《针灸大成》

《针灸大成》总结了明代以前中国针灸的主要学术经验，尤其是收载了众多的针灸歌赋，重新考定了穴位的名称和位置，并附以全身图和局部图，阐述了历代针灸的操作手法，并将其加以整理归纳。

卷七记述经络、十二经穴位及主治；卷八为临床各科病证的针灸治法；卷九包括"治症总要"、名医治法、取穴法、灸治以及杨继洲针灸治疗医案等；卷十主要介绍小儿的针灸按摩治法，特别是转载的《陈氏小儿按摩经》，是很宝贵的古代小儿按摩专著。

《针灸大成》的主要成就与特点为：一、主张针灸和药物配合运用，宜灵活采取适当治法以取得最好的疗效，卷三"诸家得失策"中对此作了反复阐述。二、临证治疗中，杨继洲虽主张药物与针灸配合应用，但一般而言，他认为针灸治疗有其优越性。三、发展了透穴针治法。杨继洲在元代王国瑞《扁鹊神应针灸玉龙经》对偏头痛一针两穴治法的基础上，发展了多种透穴针治法。四、创造或发展了多种针刺手法，如"三衢杨氏补泻"节所载"十二字分次第手法及歌"，将爪切、持针、口温、进针、指循、爪摄、退针、搓针、捻针、留针、摇针及拔针12种手法之要点阐明，然后总括成简明易记的"十二歌"。五、告诫对头部不宜多灸。六、提出了掌握灸治壮数的原则。七、刻经络图与九针式。

8.推拿与按摩

按摩在明代有两点突出之处:一是文献上开始用"推拿"名称代表按摩术,二是按摩术不仅在成人使用,而且推广到小儿多种疾病的治疗。

明代较重要的推拿学专书有龚云林撰著的《小儿推拿秘旨》。

《小儿推拿秘旨》刊于万历三十二年(1604),其中内容除一部分取材于钱乙的《小儿药证直诀》,其余多系作者个人之见解与经验。全书共二卷。卷一包括总论、蒸变论、惊风论、诸疳论、吐泻论、婴童赋、面部险症歌、险症不治歌、面部捷径歌、小儿无患歌、夭症歌等,而以推拿治法为主。卷二主要为药物疗法,叙述小儿常见病症及其治疗方剂。所载"十二手法诀",讲述了12种推拿手法的名称、功效、操作与适应症。

明代第二部较著名的推拿专书为周于蕃的《推拿仙术》(1605),书中阐明拿说、拿法、推法的意义与要点,记载了阳掌(掌面)诀法与阴掌(掌背)诀法,介绍了手上推法九则的名称、功用与操作。尤其值得提出的是,该书简明扼要地讲述了"身中十二拿法"的穴位与功效。

(五)养生知识

1.重要著作

明代,养生学也有进一步发展,许多医家在总结明以前养生学成就的基础上,补充当时的养生实践经验,编撰的有关专著较前明显增多,且较简要易行。

1442年前后,冷谦撰著的《修龄要旨》是明代一部内容丰富的气功与养生保健专书,论述了四时调摄、起居调摄、四季却病、延年长生、十六段锦、八段锦导引法、导引却病法等,书中多以歌诀形式介绍养生与导引吐纳之要点及其具体方法。

1549 年刊印的万全编撰的《万氏家传养生四要》，主要为辑录前人有关养生论述，结合作者体验，归纳出养生"四要"为"寡欲""慎动""法时"及"却疾"四方面的内容。并且强调："善养生者，当知五失：不知保身一失也，病不早治二失也，治不择医三失也，喜峻药攻四失也，信巫不信医五失也。"

明代济南王象晋所辑《清寤斋心赏编》，将明代以前文献中有关饮食起居、精神修养、却病延年的记载予以辑录，分编为葆生要览、淑身懿训、佚老成说、涉世善术、书室清供、林泉乐事诸篇。全书大部分内容为养老长寿之论述。强调根据老年人的生理与心理特点，顺应其爱好，随侍左右，使其愉快，减少伤病。提出注意合理饮食起居与节制性生活，对老年长寿有重大意义。

成书于 1578 年由周履靖辑成的《赤凤髓》，以绘图与文字介绍内功、动功、五禽戏、八段锦导引等。1591 年刊印的高濂所辑《遵生八笺》，其中包括"清修妙论""四时调摄""起居安乐""延年却病""饮撰服食""灵秘丹药"等笺，主要是养生保健的论述。1606 年前后陈继儒所撰《养生肤语》，主要摘引前人有关养生之论述，参以其本人见解。书中强调善摄元气之重要性，内容包括情志、处世、待人、接物、起居、饮食、房劳等。

1615 年刊印的《寿世保元》载有不少养生与老年医学之内容，在卷四"老人"专节内，分别以"延年良箴""衰老论""保生杂志"及"摄养"四专题进行论述。

2. 散见的思想

明代尚有几部成书年代不详的养生学专书，其中息斋居士的《摄生要语》载有"一日之忌暮无饱食，一月之忌暮无大醉，终身之忌暮常护气"。记载养生十要为："一曰啬神，二曰爱气，三曰养形，四曰导引，五曰言路，六曰饮食，七曰房室，八曰反俗，九曰医药，十曰禁忍。"同时列出"最要提防"之十点："一欲，二忧愁，三饥渴，四触爱，五睡眠，六怖畏，七疑悔，八瞋恚，九利养虚称，十自高慢人。"

袁黄（坤仪）的《摄生三要》归纳为：聚精、养气、存神。该书认为"聚精在于养气，养气在于存神"，提出聚精之道为："一曰寡欲，二曰节劳，三曰息怒，四曰戒酒，五曰慎味。"对于养气，认为"气欲柔不欲强，欲顺不欲逆，欲定不欲乱，欲聚不欲散"。对于存神则认为"神凝则气聚，神散则气消，若宝惜精气，而不知存神，是茹其华而忘其根矣"。

（六）李时珍与《本草纲目》

1. 李时珍生平事迹

李时珍（1518—1593），字东璧，晚年号濒湖山人，蕲州（今湖北蕲春县）人。祖父为铃医，父李言闻（号月池）为当地名医。李时珍幼年时身体羸弱，少年时期开始阅读一些医籍，曾随父诊病抄方。但当时医生的社会地位低下，李言闻不愿李时珍以医为业，而要他走科举道路，为此，特领他去拜中进士第的顾日岩为师。顾日岩家中藏有大量书籍文献，李时珍因此有机会阅读到许多文献和一些珍贵的书籍。李时珍14岁中秀才，后曾三次赴

李时珍

李时珍，明代著名医药学家，被后世誉为"药圣"。1982年，李时珍陵园被国务院列为第二批"全国重点文物保护单位"。

武昌参加乡试，但均未考中。23岁之后，他放弃科举而决心跟父亲学医。由于他刻苦钻研医理，用心吸取前人医疗经验，并且善于发挥自己的创造性，加上对病家的高度同情心，所以他医术高超、医德高尚，因此，在短短几年之中便享有声誉。其间，他因治愈了楚王府中小儿的"虫癖"怪病，医名更增，旋被楚王府聘为"奉祠正"，并掌管"良医所"事务。后又被荐举到北京"太医院"任"院判"。但是，他对此并不感兴趣，任职一年多便托病辞归。

李时珍在行医过程中，发现以往的本草书中存在着不少错误、重复或遗漏，"舛谬差讹、遗漏不可枚数"，深感这将关系到病家的健康和生命，因此决心重新编著一部新的本草专书。从34岁起，他开始着手这项工作。他"渔猎群书，搜罗百氏。凡子史经传，声韵农圃，医卜星相，乐府诸家，稍有得处，辄著数言"。除认真总结吸收前人经验成就外，还向药农、野老、樵夫、猎人、渔民等劳动群众请教，亲到深山旷野考察和收集各种植物、动物、矿物标本。而且，对某些药物还亲自栽培（如薄荷、红花、蕲艾等）、试服（如曼陀罗、何首乌等），以取得正确的认识。经过27年辛勤努力，参考了八百余种文献书籍，李时珍以唐慎微的《经史证类备急本草》为基础，进行大量的整理、补充，并加进自己的发现与见解，经过三次大的修改，至万历六年（1578）60岁时，终于编著完成《本草纲目》这部巨著。

2.《本草纲目》的重大成就

《本草纲目》全书52卷，是我国古代文化科学宝库中的一份珍贵遗产，蔡景峰先生通过深入的研究，认为它具有多方面重要的成就：

（1）总结了16世纪以前我国的药物学

《本草纲目》对药物广泛收载，多达1800余种，较《证类本草》所载药物1500余种，增加了300余种。书中附有药图1000余幅，药方

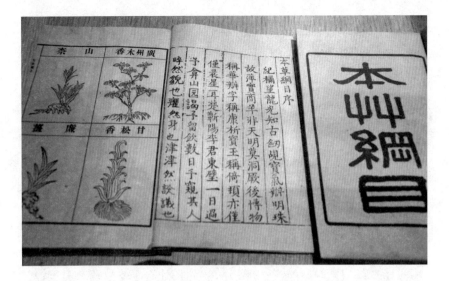

《本草纲目》

《本草纲目》广泛涉及医学、药物学、生物学、矿物学、化学、环境与生物、遗传与变异等诸多科学领域。

11000 余个。它对 16 世纪以前我国药物学进行了相当全面的总结，是我国药学史上的重要里程碑。

（2）纠正了以往本草书中的某些错误

如把实为两药而被混为一物的葳蕤与女萎分清，把同是一物而被误为两药的南星与虎掌更正，把被误为兰草的兰花、被误为百合的卷丹区分开，把被误列为草类的生姜、薯蓣归为菜类等。

（3）提出了当时最先进的药物分类法

李时珍对药物分类的突出优点有二：一是按照"从微至巨""从贱至贵"的原则，即从无机到有机、从低等到高等，基本上符合进化论的观点，因而是当时世界上最先进的分类法；二是"物以类从，目随纲举"，既使各种药物依其性质归类，又便于寻觅查阅。

李时珍这部医药学巨著之所以采用"纲目"两字，虽然可能受到宋代朱熹《通鉴纲目》、明代楼英（1320—1389）《医学纲目》的影响，但从《本草纲目》的内容看，其"纲目"两字，更有其用意。一是"一十六部为纲，六十类为目，各以类从"。二是"标名为纲，列事为目"，即"每药标一总名，正大纲也。大书气味、主治，正小纲也。分注释名、集解、发明，详其目也"。三是同一种药物由于其不同部分均可供药用，则以此药总体为纲、各部为目，如"标龙为纲，而齿、角、骨、脑、胎、涎皆列为目；标粱为纲，而赤、黄粱米皆列为目之类"。因此，本书的分类确实基本上达到了纲目清晰。

（4）系统地记述了各种药物的知识

《本草纲目》对每种药物的记述，包括校正、释名、集解、辨疑、正误、修治、气味、主治、发明、附录、附方等项。从药物的名称、历史、形态、鉴别，到采集、加工、功效、方剂等，叙述甚详。尤其是发明这项，主要是李时珍对药物观察、研究以及实际应用的新发现和新经验，这就更加丰富了本草学的知识。如三七的功效，李时珍总结为"止血、散血、定痛"，这是很符合实际的高度概括。又如延胡索止痛、大风子治麻风等功效，李时珍都给以肯定。

（5）纠正了一些反科学的见解

李时珍通过科学的总结，批判了以往记载服食水银、雄黄可以成仙的说法，纠正了一些反科学的见解。例如针对水银，李时珍指出："大明言其无毒，本经言其久服神仙，甄权言其还丹元母，抱朴子以为长生之药。六朝以下贪生者服食，致成废笃而丧厥躯，不知若干人矣！方士固不足道，本草其可妄言哉？"又如，对"草子可以变鱼"等一些反科学见解，李时珍给予了说明更正。

（6）丰富了世界科学宝库

《本草纲目》不仅对药物学作了详细记载，同时对人体生理、病理、疾病症状、卫生预防等作了不少正确的叙述，而且，还综合了大量的科学资料，在植物学、动物学、矿物学、物理学、化学、农学、天文、气象等许多方面，有着广泛的论述。在动物学方面，如对驼鸟的描述，引了多种文献写道："李延寿《后魏书》云：波斯国有鸟，形如驼，能飞不高，食草与肉，亦啖火，日行七百里。郭义恭《广志》云：安息国贡大雀，雁身驼蹄，苍色，举头高七、八尺，张翅丈余，食大麦，其卵如瓮，其名驼鸟……"在矿物学方面，如对石油的产地与性状等所作的详细记述："石油所出不一，出陕之肃州、鄜

驼鸟

驼鸟是驼鸟科唯一的物种，是非洲一种体形巨大，不会飞但奔跑得很快的鸟，也是世界上现存体型最大的鸟类。

州、延州、延长，广之南雄以及缅甸者。自石岩中流出，与泉水相杂，汪汪而出，肥如肉汁。土人以草挹入缶中，黑色颇似淳漆，作雄黄气。土人多以燃灯甚明，得水愈炽，不可入食。"并说："国朝正德末年，嘉州开盐井，偶得油水，可以照夜，其光加倍。沃之以水则焰弥甚，扑之以灰则灭。作雄黄气，土人呼为雄黄油，亦曰硫黄油。"在物理学方面，如借助于了解空气中的湿度变化推测雨量大小："每旦以瓦瓶秤水，视其轻重，重则雨多，轻则雨少。"又如书中在谈到石胆（即胆矾）时写道："但以火烧之成汁者，必伪也。涂于铁及铜上烧之红者，真也。又以铜器盛水，投少许入中，及不青碧，数日不异者，真也。"虽然，这段记述主要是说明检验石胆真假的方法，然而，这正反映当时已经掌握的一些化学方法。《本草纲目》有关农学上的记载也是相当丰富，其

中所载"梨品甚多，必须棠梨、桑树接过者，则结子早而佳"，介绍了用嫁接法改良果树品种的办法。"梨与萝卜相间收藏，或削梨蒂插于萝卜上藏之，皆可经年不烂"，"桃树生虫，煮猪头汁烧之即止"，都是值得重视的经验。以上所举出的一些实例，足以说明《本草纲目》在自然科学的许多学科中都作出了重要贡献，丰富了世界科学宝库。

（7）辑录保存了大量古代文献

《本草纲目》引载了16世纪以前的大量文献资料，其中既有医药方面的，包括历代诸家本草与医药著述；也有非医药方面的，包括经史百家著述。在这许多引载的文献资料中，有的原书后来佚失，但由于《本草纲目》的摘录记载和注明了原出处，因此使某些佚书的部分资料得以保存下来。

《本草纲目》的内容是非常丰富的。自万历二十一年（1593）由胡承龙出资在南京刻成第一版（即金陵版）刊行后，接着于万历三十一年（1603）由江西巡抚夏良心在南昌翻刻了第二版。其后屡经翻刻再版，对后世影响很大。并且很早流传到朝鲜、日本等国，还先后被全译或节译成拉丁文及日本、朝鲜、英、法、德等国文字，在国外引起一些学者的关注。英国博物学家、进化论奠基者达尔文（1809—1882），在其《物种起源》（1859）、《动物

达尔文

达尔文的著作《物种起源》，提出了生物进化论学说，从而摧毁了各种唯心的神造论以及物种不变论。除了生物学外，他的理论对人类学、心理学、哲学的发展都有不容忽视的影响。

和植物在家养下的变异》（1868）及《人类起源及性的选择》（1871）三书中，曾数次引用了《本草纲目》的资料。虽然，达尔文所引的某些资料未写明取于《本草纲目》，而说是得于《古代中国百科全书》，但他所说的《古代中国百科全书》实际上就是《本草纲目》，这只需将他所引资料同《本草纲目》有关记载相对照即可证明。例如，达尔文在《动物和植物在家养下的变异》中说到鸡的变种时写道："倍契先生告诉我说，……在1596年出版的《中国百科全书》曾经提到过七个品种，包括我们称为踱鸡即爬鸡的，以及具有黑羽、黑骨和黑肉的鸡，其实这些材料还是从更古老的典籍中搜集来的。"而《本草纲目》卷四十八，"鸡"条中写道："乌骨鸡，有白毛乌骨者，黑毛乌骨者，斑毛乌骨者，有骨肉俱黑者"，同时还引载了10世纪《太平御览》关于乌骨鸡的故事。

乌骨鸡

乌骨鸡又称武山鸡，是一种杂食家养鸟。从营养价值上看，乌鸡的营养远远高于普通鸡，吃起来的口感也非常细嫩。至于药用和食疗作用，更是普通鸡所不能相比的，被人们称作"名贵食疗珍禽"。

此外，《动物和植物在家养下的变异》谈到人工养殖金鱼家化的历史时写道："金鱼被引进欧洲不过是两三个世纪以前的事情，但在中国自古以来它们就在拘禁下被饲养了……一部中国古代著作中曾经说道，朱红色鳞的金鱼最初是在宋朝于拘禁情况下育成的，现在到处的家庭都养金鱼作为观赏之用。"而《本草纲目》在记述金鱼时写道："金鱼有鲤、鲫、鳅、鳖数种……湖中有赤鳞鱼即此也。自宋始有畜者。今则处处人家养玩矣。"可见，达尔文关于金鱼家化史的资料，确是转引自《本草纲目》者，这也充分说明《本草纲目》影响之深远。

但是，限于历史条件，《本草纲目》中也存在错误之处，例如，书中相信"烂灰为蝇""腐草为萤"及妊妇食兔肉"令子缺唇"等不科学的说法；赞同"古镜如古剑，若有神明，故能辟邪魅忤恶"的无稽之谈；以及"寡妇床头尘土"治"耳上月割疮"的封建迷信之说等。此外，《本草纲目》所引载的历代文献，虽注明其出处，但也有注错而成为张冠李戴者。然而，总的来说，《本草纲目》的成就是主要的。后世一些医家和学者由于受到《本草纲目》的启发或影响，先后编成相同类型的本草书，如汪昂的《本草备要》、莫熺的《本草纲目摘要》、赵学敏的《本草纲目拾遗》、林起龙的《本草纲目必读》、曹菊庵的《本草纲目万方类编》等。不少国内外学者对《本草纲目》给以高度评价，鲁迅称此书"含有丰富的宝藏""实在是极可宝贵的"。1956年，时任中国科学院院长郭沫若为李时珍题词："医中之圣，集中国药学之大成，本草纲目乃一八九二种药物说明，广罗博采，曾费三十年之殚精。造福生民，使多少人延年活命，伟哉夫子，将随民族生命永生。"当代英国科学技术史学家李约瑟称赞李时珍为"药物学界中之王子"。李时珍的名字及其业绩，将永载史册，与世长存。

除《本草纲目》外，李时珍还著有《濒湖脉学》与《奇经八脉考》，丰富了脉学与经络学说，内容已分述于诊断与针灸专题内。

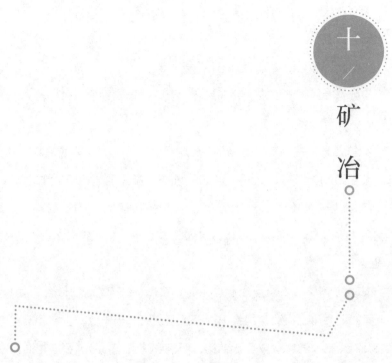

十

矿

冶

（一）找矿与采矿技术

1. 找煤

开采煤矿是离不开地质工作的。至迟在宋代，中国就已经在煤矿地质方面积累了相当丰富的知识，经常根据煤层的露头找煤。到了明代嘉靖以后，更有明显的发展。

赵承泽先生认为，这一时期，中国在煤矿地质方面的主要成就是：对含煤岩系中的一些岩层，有了更加清楚的认识，同时，也对含煤地区的地质变化有了一定的了解；在世界上，首先提出辨认含煤岩系和含煤地区地质变化的重要意义，并且有了比较完整的勘察方法和勘察程序。

（1）有关煤田地质的认识

第一，对于煤系岩层的了解。含煤的地区，都是沉积岩的分布区。

嘉靖以后,已经很了解这一规律,同时也了解沉积岩层中各种岩层的特点。因而在找煤时,首先即留神观察所欲勘察的地方是否有属于沉积岩层的某些岩层。

关于此,孙廷铨《颜山杂记》卷四有载:

凡脉炭者,视其山石。数石则行,青石、砂石则否……避其沁水之潦。……往而获之,为良工。

"脉炭者",是指找煤的人。"脉"是矿层的统称,见《宋史·食货志》和《天工开物》等书。数石、青石和砂石,都是属于沉积岩的岩石名称。这里砂石就是砂岩,一望可知。问题是青石和数石指什么。据《本草纲目》和《山西通志》,青石实即石灰岩。《本草纲目》石灰条引苏颂曰:

(石灰)所在,近山处皆有之,烧青石为灰也。又名石煅。

从上面的记载可以很清楚地看出青石即石灰石。至于数石,实即页岩,因为页岩均具有薄层状或页状结构,而且层迭不已,故名页岩。而数石的"数"应读如"朔",频数也,含义也与页岩之义相同。言其层次既密且多,频数不穷。

《颜山杂记》的这段话,有两层含义:

其一,在找煤时,必须先观察所欲勘察的地方的岩层性质,是否属于沉积岩的这几种岩层。所谓"凡脉炭者,视其山石",就是这个意思。

其二,在找煤时,注意寻找能夹生煤层的页岩。我们知道当煤层生成之初,其上和其下,都有一定厚度的土壤层。所以煤层的顶板和底板,一般都是页岩。所谓"数石则行",就是说,凡欲找煤,必须看看是否有页岩存在。只有从页岩中,才能找到。

第二,寻找露头。由于地质变化,煤层往往都有露头。露头是找煤的最好标志。这一时期的采煤工作者也用找露头的办法找煤。

关于此，《天工开物·燔石》记有：

凡煤炭普天皆生。……凡取煤久者，从土面能辨有无之色。

又《物理小识》卷七：

（石炭）外记孛露，有土能燃，可作炭用。

"外记"即露头。凡是接近地表的煤层，必定风化，而且愈靠上的部分，风化得愈剧烈。甚至疏散如末，与泥土混杂，变成黑土之状。这段话对煤层露头的形容，比上一段更清楚更贴切。

寻找露头，必须有一定的范围。《颜山杂记》在叙述脉炭者须视其山石的种类之后，接着又说：

察其土有黑苗。

"苗"是明以前矿层露头的通称。煤层露头是黑色的，故名之"黑苗"。

第三，对比煤层。现在的地质工作者找煤时，常常使用对比煤层的方法。嘉靖时期的找煤，也使用过同类的方法。《颜山杂记》在说了上引的两段话之后又说：

测其石之层数。……因上以知下，因远以知近。往而获之，为良工。

利用煤层对比找煤，一般须了解各个煤系的叠积层序，并且选择标志层。这段话里的"因上""因远"，就暗示着当时不仅已知煤系具有旋回构造的规律，而且业已观察到所有的煤系都围绕着旋回构造而具有各自的叠积层序。这说明当时已具有用煤层对比找煤的能力。

《颜山杂记》有关对比的这段话，说的虽然也比较简单，但把对比的意义和方法都扼要地包括进去了。所谓"测其石之层数"，"因上以知下，因远以知近"，就是说：只要在一个地方发现煤层，看清其旋回的岩层次序，并且找出标志层，再在同一地区的其他地方，寻找是否有和已知旋回以及标志层相同的地层。如果有，不必看见全貌，便能根据其上覆岩层，判断下面是否有煤。不论远近，都能找到。

（2）有关矿井地质的认识

这一时期在煤矿矿井地质方面，也有一定的成就。此时人们业已认识到矿井地质变化和矿井开采的关系，非常重视观察和了解矿井范围内的地质构造。

第一，对于断层的了解。从记载看，当时已对含煤地区的断层有了相当深刻的认识。《颜山杂记·矿物志》记载：

（凡炭脉）正行而忽结，磻石阻其前，非曲凿旁达，不可以通，谓之盘锢。

"盘锢"即断层。是说：煤层本来很好，忽而错动，出现断层。若遇这种情形，只有另开新井或另打石门，才能辗转达于煤层，继续开采。

第二，对于鸡窝煤的了解。这一时期也认识到鸡窝煤对于开采的影响。《颜山杂记》卷四提到：

（炭）脉乍大乍细，窝窝螺螺，若或得之而骤竭，谓之鸡窝。（鸡窝与盘锢）二者皆井病也。

"鸡窝"即鸡窝煤。这个名词现在仍然在许多矿山流行。鸡窝煤是在地质变化比较剧烈的情况下产生的。储量有限，不易开采。所以当时才把它和断层等同，一律视为"井病"。

第三，对于不规则底板的了解。《颜山杂记》还谈到不规则的煤层底板对于煤矿开采的影响：

凡井得炭，……循山旁行，而不得平，一足高，一足下，谓之仄城。

"城"，阶梯也。明代借用为煤矿中上下山之名，详见下文。而仄城则是煤矿底板隆起和凹陷的专名词。"一足高，一足下，谓之仄城"，是说如果底板的变化太剧烈，有许多隆起和凹陷，也是很不利于开采的。"仄"字即形容其倾侧不平之状。

第四，对于石灰岩涌水的认识。《颜山杂记》卷四还谈到含煤地区的石灰岩层涌水，对于开采的影响：

> 凡脉炭者，……避其沁水之潦。

我们知道煤矿中的水的来源，大致是地下水、老塘水和含水岩层。这段话的"沁水"则是专指石灰岩的涌水。孙廷铨是明末清初的山东益都人，《颜山杂记》就是他为家乡颜神镇写的志书。据近代地质调查，博山煤系含有较厚的石灰岩层，且均位于其主要煤层之侧。一般多因风化而呈现较多龟裂，空洞中俱有大量贮水。如果不慎，误行掘通，便立即促成井下出水，这是采煤业的最大威胁之一。《颜山杂记》的这段话，是在论述找煤而观察岩层的种类同时说起的，自然是隐谓博山地区的石灰岩层无疑。说明当时对于石灰岩层的特点和可能产生的结果，也有深刻的认识。

以上是这一时期对于所谓"井病"的一些论述。这些论述都是很难得的史料。尤其最后一段，更具有较大的意义。断层、鸡窝、不规则底板和石灰岩涌水都是煤矿开采中的有害因素。如若处理不当，常易产生严重的后果。这一时期对待这些"井病"的办法，很少见于记载。可知的，就是这一段话提到的对待石灰岩涌水的"避"字。所谓避的含义，是说在开采之前，必须先搞清石灰岩的分布情况，也就是先搞清矿井的地质情况，以便防止出水。这当是这一时期对待这种井病的最主要的手段，至于对待其他井病，大概也是如此。

2. 盐井

我国井盐生产历史悠久，战国时已开始凿井煮盐，历代相承，不断发展，在长期生产实践中积累了一系列的发明创造，如开凿深井、天然气煮盐、管道输卤、煮盐工艺等，在当时是很先进的。

白广美先生经过深入研究认为，古代盐井的发展，经历了一个井口由大变小、井身由浅到深的演变过程。这个过程大致可以分为三个阶段：战国末期至北宋为大口浅井阶段；北宋至清初为小口盐井（卓筒井）阶段；清代中期以后为小口深井阶段。井之深浅是相对而言，所谓深井是以出现地质深层浓度较大的黑卤水为特征。

记载小口盐井钻井技术及其设备较详细的书，当首推明马骥《盐井图说》和岳谕方《盐井图说》。两书均经实际调查写成，前一书原文保存在《天下郡国利病书》《蜀中广记》和《射洪县志》中，后一书仅存序文一篇，附图则两书均已散佚。明曹学佺《蜀中广记·井法》中转引马骥《盐井图说》的有关记载，明代钻凿盐井全过程的顺序为：相井地，开井口，立石圈，用扁七寸带轮锋的大钻凿大口，用竹制扇泥筒（或叫吞筒）吸取井下所凿岩屑泥沙，用木竹作井壁的保护套管，再凿小口而见功，然后再树楼架、立天滚子、设盘车，即可用人力或畜力牵动竹制汲卤筒而上下汲卤。若将此记与清代《四川盐法志》中的图相对照，可发现两者十分相似。这表明小口盐井的凿井工艺，在明代已发展到了相当完整的程度。

关于治井和井下打捞技术，《蜀中广记》所引马氏原文也有详细记述：

若掘凿之际，钎偶中折而坠其中者，或遭淤泥作阻者，其出法亦巧，而为器亦异。钎带火掌篾而堕者，以搅镰钩出，为力易易。惟钎半堕或止堕钎头者，取之之法：制为铁五爪，如覆手状，爪背入木数寸。以竹三尺许，劈碎一尺，缠扼爪木，令坚致；上一尺亦劈碎，则活系撞子钎不令拘泥偏向；中一尺通其节，以待撞子钎假道挞伐。垂爪入井，爪定所堕钎头，匠氏从上督索撞子钎由筒中击木，木击五爪。数击则爪攫剿钎头者牢，不可以游滑自匿，虽欲不出，不可得矣。若被淤泥填溢大小窍，犹关格症然，甚者，制为搜子，以和解其胶密。搜子者，铁条之有啮齿者也。……支解既析，则为刮筒以取其泥。刮筒之制与盐筒殊科，不通其节，而每节之始，凿为方口，投井口吸泥，亦如汲水式。盖水可以疏通翕受，泥则逾节不可，是则匠氏作法意也。

上述搅镰、铁五爪、搜子等打捞工具，与《四川盐法志》附图中的扫镰、五股须、抱爪等相当，其功能与之相似。

宋应星《天工开物》有"蜀省井盐图"，绘出了小口盐井凿井图、牛车汲卤图和火井煮盐图。该图刻成于明崇祯十年（1637），是迄今仅见的有关盐井生产的插图。关于凿井的方法，宋氏书中有如下记载：

盐井周圆不过数寸，其上口一小盂覆之有余。深必十丈以外乃得卤信，故造井功费甚难。其器冶铁锥如碓嘴形，其尖使极刚利，向石山舂凿成孔。其身破竹缠绳，夹悬此锥。每舂深入数尺，则又以竹接其身，使引而长。初入丈许，或以足踏锥，稍如舂米形，太深则用手捧持顿下，所舂石成碎粉，随以长竹接引，悬铁盏亏之而上。

由此可知，明末钻井工艺与马骥《盐井图说》相比，又有了进步，这时凿井已采用状如舂米的冲击式顿钻法，采用碓架结构，用脚踏碓板梢，使碓头翘起，以提升钻具，收脚时，钻具靠重力向下冲撞井底岩石。这种方法比人力挖掘省力而效率高。顿钻凿井技术的发明，是我国古代盐井发展史上的又一重大突破。

3. 金矿的采选

（1）开采金矿床的类型

金矿资源主要分两大类：一类为脉金矿，矿床大多分布在高山地区，由内力地质作用（主要是火山作用、岩浆作用、变质作用）形成，脉金矿又称山金矿、内生金矿；另一类为砂金矿，由山金矿露出地面后，经过长期风化剥蚀，破碎成金粒、金片、金末，又通过风、流水等的搬运作用，在流水的分选作用下聚集起来，沉积在河滨、湖滨、海岸而形成冲积型、洪积型或海滨型砂金矿床。有的山金矿风化剥蚀后，碎

十、矿冶

171

屑产物在原地堆积，则形成残积型砂金矿床；如果沿斜坡堆积，则形成坡积型砂金矿床。砂金矿床又称外生金矿，其成矿时代可以在古生代、中生代、第三纪、第四纪或现代。此外，还有一种伴生金矿，其含金量低，常常在有色金属矿井开采过程中加以回收，并进行综合利用。

我国古代早就有山金、砂金之分。但山金的含义不仅指脉金矿，而且还包括残积型、坡积型砂金矿床，意即指山上产的金。古代砂金矿床又可分为"水金"（自"水沙中"淘洗而得的砂金）和"平地掘井"开采而得的砂金。砂金矿中，与绝大多数金粒有明显区别的大颗粒金，叫块金，俗称"狗头金"。狗头金的发现，往往被认为是采金史上的大事。《天工开物·五金》中说："千百中间有获狗头金一块者，名曰金母。"狗头金绝大多数产于冲积型砂金矿中，有些产于近地表的次生富集带中。

狗头金

狗头金是一种富金矿矿石，是天然产出的、质地不纯的、颗粒大而形态不规则的块金。有人以其形似狗头称之为"狗头金"。

卢本珊先生等通过对比分析，发现明代对脉金矿有新的认识：

第一，史料中有关脉金的踪迹。陕豫交界的小秦岭金矿，其东区陡壁上现存的碑文记有："景泰二年（1415）六月廿日起，开硐三百眼。"可见开采规模较大。小秦岭金矿矿田内地势陡峻，海拔在650—2400米之间。矿体由金矿脉及含矿蚀变糜棱岩组成，伴生有铜、铅、银、钨及大量的黄铁矿。

《天工开物·五金》："金多出西南，取者穴山至十余丈。"这一记载乃指开采脉金矿而言。现代地质勘探表明，我国西南地区，如四川即以脉金矿床为主。云南古代开采的砂金也来源于金沙江（古丽水）流域的山中脉金矿，清末，这里仍在开采。西藏地区金矿有喜马拉雅成矿带，西藏黄金之多在弃宗弄赞时代已经闻名。

明方以智《通雅》卷四十八金石条记："山金为马蹄金。"清谷应泰《博物要览》卷三马蹄金条曰："出林邑山峒石中，凿石取之，状如马蹄……又名马蹄金，乃生金也。"这里所说的山金，可能指脉金矿床。

第二，"伴金石"与脉金矿床的关系。关于"伴金石"的描述，文献中多有记载。《本草纲目》卷八三一引《本草拾遗》："（陈）藏器曰：常见人取金，掘土深丈余，至纷子石，石皆一头黑焦，石下有金……"纷子石为何石？屈大均《广东新语》卷十五引《始兴记》："掘地丈余，见有磊砢纷子石，石褐色，一端黑焦，是为伴金之石，必有马蹄块金。盖丹砂之旁有水晶床，金之旁有纷子石。"可见，纷子石即伴金石。宋寇宗奭《本草衍义》卷五："颗块金，即穴山或至百十尺，见伴金石，其石褐色，一头如火烧黑之状，此定见金也，其金色深赤黄。"明《天工开物·五金》："金多出西南，取者穴山至十余丈，见伴金石，即可见金，其石褐色，一头如火烧黑状。""然岭南夷獠洞穴中，金初出如黑铁落，深挖数丈得之黑焦石下。"

由上述可见，找金匠师已把伴金石作为金矿的找矿标志。只要找到伴金石，必定可以见到金矿。

第三，原生银金矿床属于脉金矿。这类矿床，我国至迟在隋唐就已开采。银金矿的形成与中生代酸中性火山岩、次火山岩活动有关，在我国分布于东部沿海地区、西南及西北地区。根据银金矿所伴生的硫化物数量，则属于贫硫化物金矿，也称"新金银矿床"。据史料记载，我国从隋开皇十八年到明洪武间（约598—1398）在山东莱、登两州开采的金矿，主要是原生银金矿床。山东临沂的银金矿，唐、宋、元、明四代都在开采。

（2）金矿的采选

古代在金矿的开采，特别是砂金的开采中，采矿和选矿通常是连续作业的，所以史料中常将"采淘"或"淘采"二字连用。金矿经淘选之后，基本上就是金，只是颗粒细小而已。下面分两部分简述之。

其一，砂金的淘采。我国古代选矿方法除人工手选外，一般采用重力选矿法，其中包括重砂淘洗选矿法、溜槽选矿法。重砂淘洗选矿法中，又可按使用工具和操作方法的不同，分为淘洗盘法、淘洗筛法、淘洗船法。由于砂矿是由碎屑物质组成的，选矿时往往无需经过破碎、磨细，这样可以减少选矿工作量和降低成本。砂金的淘选也是如此。淘选的原理是利用矿物比重差（一般石英砂的比重为 2.65，金的比重为19.3，铁砂的比重为 7.8 以下），在水介质中，借助外力的作用，产生不同的运动效果，使矿物按比重分层分带，从而使矿物分离。金之所以能在河流中被淘洗出来，是因为它的比重很大。

关于水金的淘采方法，《天工开物·五金》中说："水金……皆于江沙水中，淘沃取金。"可见，水金的采掘对象是含金河沙。由于"水金"在江河溪流之中，水介质很方便，因此，淘采时采用淘洗法或溜槽法，均具备其有利条件。

关于第四纪冲积层砂金的开采方法，宋洪咨夔《大冶赋》："寻苗麕淘之邃，破的礐壁之壅。"似指冲积层所出的砂金。《天工开物·五金》："平地掘井得者""不必深求而得"，说明明代开采第四纪冲积层砂金或残积型、坡积型砂金矿床显然采用了轻型工程（剥土、开槽、浅井等）。

关于古代砂金淘采方法的考察研究，据史料记载和考古发现，我国很早就掌握了重砂淘选法并在长期的生产实践中积累了丰富的经验。淘选法不但用来淘采自然金，而且用来回收银、铜、铁、锡等金属矿砂。

无论用于哪种金属矿砂，古代的淘选方法及使用工具基本上都是相同的。明代《天工开物·五金》"淘洗铁砂"图中的淘砂盘和我国现代仍然使用的淘金簸箕的形制完全相同，就是一个很好的例证。

其二，脉金矿的采选。关于我国古代脉金矿开采的详细情况，还有待于发掘史料并对考古资料作进一步的论证。从有关史料看，如唐白居易《赐友五首》并序之二，诗的第一句是："披砂复凿石，矻矻无冬春。"说的是开采金银要开凿岩石，无论天寒天暖都要照常进行作业。宋寇宗奭《本草衍义》卷五："颗块金，即穴山或至百十尺……"《天工开物·五金》："金多出西南，取者穴山至十余丈……"《清一统志》："（临沂宝山）上有洞穴数区，产金银矿石，元时开矿处也。"《龙泉县志》："（银金矿）脉浅，无穿岩破洞之险。"这些记载都说明，开采脉金矿需要凿岩辟石，穴山破洞，进行地下工程是肯定无疑的。我国有一些地名也反映了金矿的开采方式，如黄金洞（平江、隆回）、金子洞（藏江）等地，古代都是以凿洞采金为主。

关于脉金矿的淘选，《浙江通志》引《龙泉县志》说："黄银即淡金……每得矿，不限多少，俱舂碓成粉。"这是碎矿。"然后以水浸入，磨成细粉，仍贮以木桶浸之。用杨梅树皮渍搅数次，石粉浮而金粉沉，乃用金盆如洗银法洗之……"至于洗银法，明陆容在《菽园杂记》卷十四铺叙甚详："……若细粘与梅砂，用尖底淘盆。"明确指出回收精矿砂要用具有棱槽的淘砂盆。"浮于淘池中，且淘且汰，泛扬去粗，留取其精英者。其粗矿肉，则用一木盆，如小舟然（注：即平底淘洗船）。淘汰亦如前法，大率欲淘去石末。"指出平底淘洗船的功用是淘去砾石。"存其真矿，以桶盛贮，璀璨星星可现，是谓矿肉。"

上述精矿的富集，是通过重砂淘洗选矿法，清除脉石等杂质而实现的。陆容说，淘洗粉状及细砂状矿砂，要用棱槽淘船，以便回收精矿。淘选粗矿肉，要用平底淘船，这是由于"粗矿肉"含废石较多，用平底淘船淘洗后便于目测及手选废石。陆氏的记述中值得称道的是，同一选矿流程中，古人根据不同的粒级、不同质量的矿砂分别选用棱槽淘船和平底淘船，表明明代的重砂淘洗选矿工艺达到了相当高的水平。

（二）失蜡法的应用

1. 宣德炉

宣德炉
宣德炉，是由明宣宗朱瞻基在大明宣德三年参与设计监造的铜香炉，简称"宣炉"。宣德炉是中国历史上第一次运用风磨铜铸成的铜器。

失蜡法是冶铸史上的一项重大发明，辛泼生（B. L. Simpson）甚至把这一事件的历史重要性和火与轮的发现相提并论。

华觉明先生认为，明宣德三年（1428）铸造统称为宣德炉的铜器，在冶铸史上具有重要地位，为后世所珍重。

《宣德鼎彝谱》比较详细地记述这一经过，根据所列鼎彝名目，首批铸造有 117 种，共 3365 件，总重约 3300 斤。经过复核裁定的物料有铜、锌、锡、汞、金、银等金属料，着色用的矿物如朱砂、金丝矾、铜绿等共 20 种，蜡料有黄蜡和白蜡，燃料用煤炭和木炭，磨料用杨木桲炭、光砂和玉田砂，砖、石灰等用于筑炉，黄砂用来制作模坯并用毛竹箍扎，又用优质的铁力木制作尺和平板，熔铜是用大、小风箱和山西阳城所出坩埚。

按原书记载可知，铸炉所用金属料有来自泰国的风磨铜 31680 斤，倭源白水铅 13600 斤，日本红铜 800 斤，贺兰花洋锡 640 斤，其配比大体是铜 69.5%，锌（倭源白水铅）29.1%，锡 1.4%，如果考虑到熔化时的烧损，则锌的实际含量要少一些，这是一种铸造性能较好的高锌黄铜，其熔点约为 970℃左右，浇注温度约 1100℃。铜料需经精炼，据《帝京景物略》称："宣庙欲铸炉，问工：'铜以何法炼而纯。'工奏：'炼至六次，则现珠光宝色，异恒铜矣。'上曰：'炼十二次。'炼已条之，置铁网筛格，赤炭熔之，其清者先滴；则铸炉，存格上者以作他器云。"图谱所列鼎彝用铜经十二炼的有 51 种，都用于内府，十炼的 27 种，八炼的 21 种（其中一部分颁赐各衙门），六炼、五炼各一种，另有 16 种未注明炼数。这种所谓的"精炼"，损耗极大，一斤铜经过十二炼，只余下四两。

关于蜡料，据图谱记载，白蜡是"作鼎彝发光颜色用"，黄蜡才"作鼎彝蜡模坯用"。鼎彝总重加上熔化浇注及加工损失（按 20% 计算）约共 4000 斤，而黄蜡用量为 640 斤，约为六与一之比，高于《天工开物》"塑油时，尽油十斤则备铜百斤"的比例。可见，所有鼎彝都用失蜡法铸造，其中单件或同一类件数甚少的采用拨蜡法，批量大的（最多的一种为 532 件）应是采用剥蜡法。全部工程在大约五个月内完成，平均一名工匠一月出成品 11 件。由此我们对明代皇家冶铸作坊失蜡铸造的生产规模、用料比例、技术水平和生产效率就有一个粗略的了解。

宣德炉历来为世所珍贵，项子京《宣德博论》说它"与南金和璧共价"，民间仿铸很多。明代铸炉著名的有万历末年南京的甘文堂、苏州的周文甫以及施、蔡等姓。《沈氏宣炉小志》说："铸炉之家，溺于时尚、乳、鳅等款既拨蜡简便，兼之易售"，"吾乡颇尚其事"，"时铸甚伙"，反映了失蜡法在民间广泛应用的情形。

2. 大型器物

现代熔模铸造，铸件重量一般不超过 50 公斤，但古代却用失蜡法铸造大型器物。《天工开物·冶铸篇》说：

凡造万钧钟与铸鼎法同。掘坑深丈几尺，燥筑其中如房舍，埏泥作模骨。其模骨用石灰三和土筑，不使有丝毫隙拆。干燥之后，以牛油黄蜡附其上数寸。油蜡份两，油居什八，蜡居什二。其上高蔽抵晴雨（夏月不可为，油不冻结）。油蜡墁定，然后雕镂书文物象，丝发成就。然后春筛绝细土与炭末为泥，涂墁以渐，而加厚至数寸。使其内外透体干坚，外施火力，炙化其中油蜡，从口上孔隙熔流净尽，则其中空处即钟鼎托体之区也。凡油蜡一斤虚位，填铜十斤，塑油时尽油十斤，则备铜百斤以俟之。中即空净，即议熔铜。凡火铜至万钧，非手足所能驱使。

永乐钟

永乐大钟，中国现存最大的青铜钟。每年新年来临之际，永乐大钟就会敲响。这口大钟已敲击了五百多年，至今仍完好无损。永乐大钟的铸造成功，是世界铸造史上的奇迹。

四面筑炉，四面泥作槽道，其道上口承接炉中，下口斜低，以就钟鼎入铜孔，槽旁一齐红炭炽围，洪炉熔化时，决开槽梗（先泥土为梗塞住），一齐如水横流，从槽道中枧注而下，钟鼎成矣。凡万钧铁钟与炉、釜，其法皆同，而塑法则由人省啬也。

这一大段记述，具体说明了用失蜡法铸造大型铸件的工艺过程、技术措施、蜡料配比和蜡、铜比例，是十分可贵的。但所说"万钧钟"和"万钧铁钟"疑有刊误。因一钧为 30 斤，万钧便是 30 万斤，约近 150 吨，这样的巨钟在国内从未发现，也不见其他明代文献。所知明代最大的钟是北京大钟寺永乐钟，通高 6.75 米，重约 46.5 吨。而《天开工物》所述"万钧钟"的铸坑深才丈余，显然与其重量不称。所以，笔者认为"万钧"应是万觔（斤）之误。前文说"今北极朝钟，则纯用响铜。每口共费铜四万七千斤，锡四千斤，金五十两，银一百二十两于内。成器亦重二万斤，身高一丈一尺五寸，双龙蒲牢高二尺七寸，口径八尺，则今朝钟之制也"，与万斤正好相符。后文又说："若千斤以内者则不须如此劳费"，可用多座可移式熔炉相继倾注。可见，若改成万斤钟则前后文都有照应，才是符合原文本意和明代实际情况的。

关于《天工开物》所载大型失蜡铸件的工艺措施，修筑泥芯的"石灰三和土"据同书燔石篇说，是由"灰一分，入河沙黄土二分，用糯米、粳米、羊桃藤汁和匀"，可用来修建蓄水池，是一种很坚固的造型材料。石灰与水成为氢氧化钙，化学性能稳定，能把砂、泥粘结在一起，防止铸件粘砂及金属液机械渗透，现代有用石灰砂造型的。范的造型材料是用强度和耐火度较高的炭末泥，但没有提到有面料、背料之分，当是记述者的疏漏。

模料用牛油和黄蜡配制，油八、蜡二的这一配比是有地区性的。这种蜡料软化点较低，所以"夏月不可为"。事实上，夏月可为的蜡料早就使用了，如宣德炉是在五月份核准工料，同年六月备齐，十一月即告竣工，正是在夏、秋季节。

（三）钢铁冶炼术

1. 炼钢术

宋应星在《天工开物》一书中比较详细地记述了我国汉代以后两种主要制钢工艺，即炒炼法和灌钢法的基本操作过程，使我们对其有了较多的了解。

《天工开物》卷十四"五金·铁"条云：

若造熟铁，则生铁流出时相连数尺内低下数寸筑一方塘，短墙抵之，其铁流入塘内。数人执持柳木棍排立墙上，先以污潮泥晒干，舂筛细罗如面，一人疾手撒擞，众人柳棍疾搅，即时炒成熟铁。其柳棍每炒一次，烧折二三寸，再用则又更之。炒过稍冷之时，或有就塘内斩划成方块者，或有提出挥椎打圆后货者。

何堂坤先生认为，这里说到的炒"熟铁"工艺的基本过程，是今见文献中关于炒炼工艺较早的专门技术性记载。大凡可归结为两方面：其一，工艺原理。这炒炼实际上是生铁氧化脱碳的过程；操作要点是在液态半液态下，利用空气中的氧来氧化生铁中的硅、锰、碳，在整个过程中要快速地搅拌金属。其二，进步性。其炒炼室与生铁熔炼室是串联起来的，生铁出炉后直接流入方塘进行炒炼，省去了生铁再加热工序，避免燃料中的硫在加热过程中进入金属。明以前就有一种单室式炒炼，其炒炉与生铁炼炉是各自独立的，炒炼前生铁需重新加热，自然比不上这种串联式来得优越。《天工开物》所云"造熟铁"工艺是一种炒炼可锻铁的方法。

《天工开物》卷十四"五金·铁"条又云：

凡钢铁炼法，用熟铁打成薄片如指头阔，长寸半许，以铁片束包尖紧，生铁安置其土［上］（广南生铁名堕子生钢者妙甚），又用破草履盖其上（粘带泥土者，故不速化），泥涂其底下。洪炉鼓韝，火力到时，生钢先化，渗淋熟铁之中，两情投合，取出加锤，再炼再锤，不一而足。俗名团钢，亦曰灌钢者是也。

此钢铁即刚铁，在这里专指灌钢。此"生钢""堕子生钢""广南生铁"以及原书"生熟铁炼炉"图中的"堕子钢"，其作用在此都与生铁等同。此灌钢操作要点是：以生铁和"熟铁"为原料，把它们一起入炉加热，当生铁达熔化状态后，合炼而成钢。这段文献谈到了明代灌钢术的全过程，是继宋代沈括《梦溪笔谈》之后的较为详细的记载。

明代灌钢工艺较宋代进步，如：因其"熟铁"作薄片状，而非如沈括所云作为条状，这可增加生铁、"熟铁"接触反应面；生铁置于"熟铁"之上，而非如沈括所云置于"熟铁"之间，因而熔化后便可向下渗淋增加了生铁、"熟铁"接触反应的机会，减少生铁流失；入炉生、"熟铁"料用不着封泥，只要上盖破草履，下涂泥也就行了，简化了操作手续。

2."生铁淋口"技术

明末学者宋应星在他著名的著作《天工开物》（卷十《锤锻》"锄镈条"）里，记载了"生铁淋口"这项技术："凡治地生物，用锄、镈之属，熟铁锻成，熔化生铁淋口，入水淬健，即成刚劲。每锹锄重一斤者，淋生铁三钱为率，少则不坚，多则过刚而折。"比他稍早一些时期（嘉靖年间）的唐顺之，在所著《武编》中也已提出了这个问题："……或以生铁与熟铁并铸，待其极熟，生铁欲流，则以生铁于熟铁上，擦而入之……"简单说来，就是在熟铁制品（农具、手工具、武器）坯件上淋上或擦上一薄层生铁，再经过加工及热处理过程，使制品变得既坚硬而又韧性好，这便是简单易行，能制出价廉物美器具的一种优良传统金属工艺。

凌业勤先生认为：擦生这项工艺要经过多道操作工序，由于地区条件或使用条件的不同，手工业工人操作习惯的不同，工序上有些出入，但大致上相同。以制造锄板为例，一般有开坯、上鼻、擦生、平生、冷锤、淬火等工序，擦生是关键。

擦生层的厚薄，即擦上去生铁多少，也是一个十分关键的问题。以铁制小农具为例，大都是以熟铁或低碳钢（含碳量 0.15%—0.25%）作本体材料，性质柔韧，要在工作面擦上或淋上一层高碳生铁，使其表面渗碳和熔复一层生铁，才会坚硬。擦少了硬度低，不耐久磨并易黏附泥土；但如果擦得过厚或者渗透了，则本体材料成了高碳钢，性质变硬发脆，锻打时就会折裂。

宋氏着重提出："……每锹锄重一斤者，淋生铁三钱为率，少则不坚，多则过刚而折。"这种提法反映了生产实际，并且是符合科学原理的。关于每一斤锄或锹只淋生铁三钱，而现在每3市斤重的锄擦4.5市两，每重一斤就要擦1.5市两，比宋氏记载的3钱多了四倍（如果明朝的斤两制同现在市斤两接近的话），那时用量似乎太少了些，但这也是可以解释的，因为他所指的是只淋刃口部分，而现在大多是全面擦上，自然要比明代时多了。

擦生时的火候和擦生时间、淬火的温度与时间对产品质量也有着重大的影响。根据生产中测定，锄板本体如碳量为0.25%以内的低碳钢板，烧到1200℃左右为合适（光学高温计测量），过低渗碳作用不强，过高本体将严重脱碳，材料发疏而脆。擦生的时间整个周期（包括加热、擦生、刮生、水淬）大约4—5分钟，而生铁擦上时间仅为20—30秒钟，操作者的动作要敏捷而准确，否则会擦不匀，表面凸凹不平，影响质量。淬火前工件加热后，凉至樱红色（估计温度在750℃—800℃左右），入水淬火，淬火时间约5秒。经过修边开刃便成为一件完好的工具。

"生铁淋口"和"擦生"这项传统金属工艺，在民间流传已经数百年，但应用现代科学实验方法进行研究，还只是从近几年才开始，因此人们对它的作用机理还没有完全透彻，有着不同的解释，有人认为只是渗碳作用，有的则认为是渗碳兼生铁堆焊作用。"生铁淋口"或"擦生"工艺，实质上是一种表面处理工艺，即表面生铁熔复层与渗碳层的共同作用，使工件既耐磨又坚韧。

"生铁淋口"和"擦生"是我国金属工艺史上一项独特的创造,几百年来使用地区几乎遍及全国,被长期生产实践证明是一项优良工艺。

3. 镔铁

关于镔铁及其显示花纹方法的记载见于明洪武二十三年(1387)成书的《格古要论》。该书卷六"金石论·镔铁"条说道:

镔铁出西蕃,面上有旋螺花者,有芝麻雪花者,凡刀剑器打磨光净,用金丝矾矾之,其花则见,价值过银,古语云:识铁强如识金,假造者是黑花,宜仔细辨认。刀子有三绝:大金水总管刀,一也;西番鹦鹉木把,二也;鞑靼骅皮鞘,三也。尝有镔铁剪刀一把,制作极巧,外面起花镀金,里面嵌银回字者。

张子高先生等认为,《格古要论》的作者曹昭,生于元明之交,是一位见识广博的学者,书中所记多系他亲眼见到的事情,因此叙述得有声有色。

镔铁的第一特征便是表面有花纹,《格古要论》早就指明了这一点。但值得特别注意的是,刀上的花纹乃自然之花纹而非雕刻之花纹,银白色与铁黑色相间,理细如丝发。至于认为是银铁二者凑合锤打而成,乃一般初见镔铁者一种天真想法,不足深怪。

"凡刀剑器打磨光净,用金丝矾矾之,其花则见。"曹昭关于显示镔铁花纹的这一句话,从我国科学技术史角度看来,具有极为重要的意义。今将分层阐述如下:

一、金丝矾是什么?来源何处?

远在曹昭以前,我国药物家、炼丹家对于金丝矾一物早就有一定的认识了。在曹昭以后,在明代的两部闻名世界的科学技术巨著中,就有了更详细具体的记载。一是李时珍的《本草纲目》,在黄矾专条下,他说:"黄矾出陕西、瓜州、沙州(今甘肃省安西)及舶上来者为上,黄色，状如胡桐泪（胡桐树脂见同书卷三十四木部）。人于绿矾中拣出黄色者充之，非真也。波斯出者，打破内有金丝文，谓之金线矾，磨刀剑，显花文。"另一是宋应星的《天工开物》，在卷中《燔石篇》里，他说："其黄矾所出又奇甚，乃即炼皂矾炉侧土墙，春夏经受火石精气，至霜降立冬之交，冷静之时，其墙上自然爆出此种，如淮北砖墙生焰硝样，刮取下来，名曰黄矾，染家用之。……其黄矾自外国来，打破中有金丝者，名曰波斯矾。"金丝矾或金线矾即是黄矾，至此决无疑义；以其原出波斯，故又径叫作波斯矾。我国固自产黄矾，染家、丹家已习用之，而镔铁花纹之显示则须用金丝矾。这就说明曹昭的这段记载暗示着显示镔铁花纹的方法本身也跟镔铁一样来源于波斯。

二、金丝矾对镔铁究竟起了什么作用？

金丝矾即黄矾，黄矾就是硫酸铁 $Fe_2(SO_4)_3$，绿矾或皂矾则是硫酸亚铁 $FeSO_4$，彼此之间在一定条件下是可以相互转化的。例如李时珍所说从"绿矾中拣出黄色者"，宋应星所说从炼皂矾炉侧土墙上在秋冬之交爆出者，同是二价铁受了空气氧化的影响转化为三价铁的实证。不过根据实际经验，从绿矾中拣出来的黄矾，是碱式硫酸铁 $Fe(OH)SO_4$，而不是正式的硫酸铁，李时珍所以认为非真者，是颇有道理的。金丝矾大概就是产生于自然界的正式硫酸铁的水化物 $Fe_2(SO_4)_3 \cdot 10H_2O$。它的结晶体是针状的，属于单斜系，所以有金丝之称。它之所以被重视，就因为它较碱式硫酸铁容易溶解于水。虽说有这些差别，然而在水溶液中同样产生三价铁离子，在与金属铁相遇时，三价铁离子便又转化成为二价铁离子。这一氧化还原反应才是金丝矾对镔铁所起作用的真相。

这种作用在现代金相学实验室中还有应用。例如常常用以腐蚀炭素钢的一种试剂就是用下列各物组成的：氯化铁 20 克，乙醇 60 毫升，水 40 毫升。使用时只须将样品浸入试剂里数秒钟，便可显示热处理钢中的奥氏体组织。在这里氯化铁对碳素钢所起的作用，跟金丝矾对镔铁所起的作用是完全一样的，都是三价铁离子对金属铁氧化作用的结果。

一般说来，淬火剂是一种快速降温剂，其目的在于使高温下的钢材内部组织固定下来，是一种物理作用；腐蚀剂是一种化学试剂，其目的在于使已固定的内部组织显示出来，是一种化学作用。

三、曹昭记载的历史意义

欧洲人最早谈到这一显示镔铁花纹方法的是 17 世纪 60 年代的法国作家和旅行家德·蒙考尼。他推荐用出自大马士革的一种名叫萨格的土质作为试剂，据说用塞浦路斯的好胆矾（$CuSO_4 \cdot 5H_2O$）也做不到。直到 1816 年贾昆才将萨格进行分析而证明其成分为不纯的碱式硫酸铁，跟欧洲当时称为"山黄油"的天然铁矾相似。由此可见，曹昭的记载不仅是我国关于使用腐蚀剂显示钢铁金相组织的最早记录，而且早于西方为时将近三个世纪。从东西两方记录比较来看，我国则直接得自镔铁刀剑产生地波斯，欧洲乃间接得自其传播地叙利亚。

十一 建筑与造船

（一）营建都城

明太祖朱元璋即位之初，始欲建都于汴梁，随又建都于凤阳，终复迁都于应天，到明成祖朱棣时候，又迁都北平，并保留南京的整套官署，成为南北两京的制度。

我国历史上迁都的事屡有发生，但是在一个朝代的初期，反复考虑、选择建都的地点，先后多次营建、改建都城，是不曾有过的。在这五十年间的四次营建、改建都城的过程中，有所继承，也有所发展。其中营建中都的城市规划和建筑设计，对后来改建南京，营建北京，起了很大的影响。王剑英先生对此进行了专题研究。

1. 中都营建

中都在城市规划、建筑设计上的特点，突出表现在下列几个方面：

（1）宫城位置的选定

南京吴王新宫选择在旧城东两里的钟山西南方。它的位置不仅偏东，不在都城的中央部位，而且地势低洼，形成了"宫城前昂后洼，形势不称"的不良后果。营建中都的时候，吸取南京填湖筑宫的教训，选择了临濠府城（今凤阳临淮关东端）西南二十里凤凰山的正南方，在平缓的坡地上"席山建殿"，使宫城高亢向阳，又"枕山筑城"，让皇城禁垣蜿蜒直上，把凤凰山主峰和与其相连的万岁山峰都包绕在内，使宫阙显得气势雄伟。

（2）明中都城墙的设计和修改

明中都城的原设计呈正方形，皇城居中，东西对称，每边三门，共12门，周45里。南城墙筑于大涧北岸的斜坡上，利用自然地形，以涧为濠。西城墙外是绵延相连的群山，可依山为险，作为天然屏障。北城墙筑在海拔20米线的边缘上，往北则地势急剧下降，为一内泻湖，秋水涨时，东西可达十里，能凭水为阻。凤凰、万岁诸山都被包绕在明中都城的中部。

明中都城在修筑的过程中，又修改了原来的设计，东城墙向东推展了将近三里，把崛起于涧岸的独山包进了城内，成为明中都形势的要害。西南城墙也突出了一角，称凤凰咀，把凤凰咀山也包了进来，成为西南隅的城守险要。修改后的明中都城有九门、十八水关，全长50里余，合今华里61里，呈长方形，皇城稍偏西，而万岁山则恰好成了明中都城两条对角线的交叉点。万岁山于是不仅成为全城的制高点，而且又变成了全城的中心点（实际稍偏东北）。

（3）明中都宫阙的建筑设计

凤阳明中都的宫阙，一方面是继承了南京吴王新宫的设计。即正殿为奉天殿，前为奉天门，后为华盖殿、谨身殿，均翼以廊庑，左右为文楼、武楼。谨身殿之后为内宫，正中是乾清宫、坤宁宫，两侧序列六宫。周以皇城，南为午门，东为东华，西为西华，北为玄武。宫殿、门阙的设计和名称都相沿未改。甚至宫城内的金水河道也完全按照南京的样子开挖。南京的金水河道，是按地势最低下的原燕淮湖的西南边缘疏浚而成的，受自然地形的约束，没有别的更为理想的排水通道。明中都金水河道，原可以随心规划，也全照搬了过来。

但在营建中都的过程中，明太祖与臣下一起研讨了历代都城各项建筑的制度和理论，参看了元朝的宫室图样，要创有明一代的制度。因此，明中都宫阙在继承南京吴王新宫的设计之外，还有它的创新和发展。主要有：

规模比吴王新宫雄伟、宏大。增加了一些新的建筑，如：午门增筑两观；东华门内和西华门内增建文华殿和武英殿；午门、奉天门、奉天殿等的左右和两庑都增筑了门；所有外露的石构、部件，全部精雕细刻；东华门、西华门等门洞里都有砖雕的花卉纹饰。

不仅宫阙如此，整个明中都建筑也都是高标准的，如圜丘有巨大的蟠龙石雕，都城隍庙有精致的石栏，鼓楼台基三个门洞的出入口也都砌了白石洞券，皇城内外还铺砌了一些白玉石大街等。

（4）明中都集中太庙、太社稷于阙门左右

营建吴王新宫的时候，把太庙建在皇城的东北，社稷建在宫城的西南，这是符合《考工记》都城左祖右社的规划的。到营建中都的时候，明太祖认为这样还"未尽合礼"，于是就把象征皇室正统的太庙移到阙门之左，把象征疆域版图的社稷移到阙门之右，把它们摆到午门前的东西两侧，这是明太祖都城设计指导思想中一个突出的表现。

（5）明中都中轴线、东西横衔和东西南北之间相互对称的整体布局设计明中都中轴线纵贯全城。中轴线两侧，如六宫、门阙，文楼和武楼，文华殿和武英殿，太庙和太社稷，中书省和大都督府，左右千步廊等，都是左右对称的。

明中都皇城禁垣外大明门前，设计修筑了一条东西横向的干道云霁街，东起鼓楼，西至钟楼，全长五里，合今六华里。云霁街上的建筑，也都安排成东西对称的。大明门往东，为中都城隍庙、金水桥、国子学、鼓楼；大明门往西，为功臣庙、金水桥、历代帝王庙、钟楼。明中都的城门、街、坊，也都是东西相对、南北相称的。

明中都的圜丘和山川坛，朝日坛和夕月坛是东西对称的；圜丘和方丘，皇陵和十王四妃坟，凤阳府和凤阳县是南北对称的。

（6）明中都对建筑和山景关系的安排

由于明中都是"席山建殿""枕山筑城"，背后日精峰、万岁山、凤凰山、月华峰东西相连，环抱宫阙，长达十里，位于城中，东部又有独山高峙城边，如何处理好建筑和山景的关系，在明中都的整体设计中居有重要的位置。

明中都对这些绵延相连的小山进行了绿化，栽植了松柏树木，安排了建筑和园林。独山顶上设置了观星台，璇机、玉衡、铜盘等列置于松林之巅。日精峰前，后来用中都宫殿材料修建了大龙兴寺。这是一座规模宏大、建筑壮丽的大寺院。万岁山前开辟了苑囿，是一个规模很大的皇家果园，"竹树茂盛"，"花开如绣"。

更为精彩的是鼓楼和钟楼的安排和处理。鼓楼位于中都皇城禁垣外东南方一里半，"筑台，下开三券，上有楼九间、层檐三覆，栋宇百尺，巍乎翼然，琼绝尘埃，制度宏大，规模壮丽。登焉，则江、淮重湖萦纡渺……一目而中都诸山空蒙杳霭，隐见出没于云空烟水之外。上置铜壶滴漏、铜点更鼓，以警朝夕"；钟楼位于皇城禁垣外西南方一里半，也是"下有台，开三券，上有楼，重檐三覆，中悬铜钟，以警朝夕"。鼓楼、钟楼对峙于中都皇城前面的东西两侧，用这样的前景把散列环峙于宫阙之后的诸景收拔起来，集中到明中都的主体建筑宫阙上来，把宫阙衬托得更为壮丽、雄伟，也更使明中都修筑显出了深度和层次。若没有这样一对高耸的建筑，明中都建筑就会显得松散，宫阙也会显得局促一隅。因此，鼓楼和钟楼的布局设计，在整个明中都的城市规划和建筑设计中居有十分重要的地位。

2. 南京改建

洪武八年（1375）四月丁巳，"诏罢中都役作"以后，朱元璋放弃了定都凤阳的打算。同年九月辛酉，又下诏"改建（南京）大内宫殿"。因为与吴王新宫相比，明中都宫阙不仅雕刻华丽奇巧是无可比拟的，就是在"规模"上也比吴王新宫"宏壮"得多，在建筑上也比吴王新宫坚实、牢固得多。因此，即使"制度皆如旧"，"但求安固"，"惟朴素坚壮"，也要把原来的吴王新宫拆了，照凤阳明中都宫阙的样子全部进行改建。这是改建南京工程中最主要的一项。

营建中都对改建南京的影响，大致有下列几个方面：

把太庙和太社稷按照凤阳明中都的布局，分别从皇城东北部和宫城西南部移建到午门前的左右两侧。这对改建南京来说，又是一个重大的项目。

在营建明中都的同时，南京增建了圜丘和方丘的斋宫、斋房，新建了朝日坛、夕月坛、山川坛，这些也都不能不说是与中都营建有关。

修筑南京城的时候，已经天下太平，但是明太祖居安思危，为子孙后代着想，就又更多地考虑了军事上的城防险要。他摒弃了定中都城址时应该尽可能四方四正的传统设计思想的束缚，选择了因地制宜，完全利用当地的自然地形，把所有的险要尽可能地都包在城中，以加强和巩固城防、江防。这就又不能不说是受了明中都城修改设计把独山和凤凰咀山包在城中的影响。因南京的山川形势，把南京城修建成这样一个极不规则的形状，不但在南京城的历史上是没有的，在我国古代的都城中，也是独一无二的。由于雨花台在城南，钟山在城东北，特别是天堡城居高临下，压在城边，成为南京城防的薄弱环节，于是又加筑外廓，把钟山、雨花台、幕府山统统都包在其中。

南京的鼓楼、钟楼建得也比较晚，大概是由于城址未定和一直找不到合适的部位。后来，筑城的方案大致定了，就学明中都的样子，把它们放到功臣庙西边的高岗上，让它们稍接近于全城的中心，使宫城偏东的形势得到一些平衡和改善。

改建国子监、都城隍庙、历代帝王庙于鸡鸣山之阳，和功臣庙并列。这很明显也是受了明中都这些建筑都集中排列在云霁街上的影响。只是由于南京皇城前没有这样一条东西的大街，因此，就不得不把它们都移到了西北方的鸡鸣山下。同时，在此处形成一组建筑群，也可以适当平衡一下都城的布局。

3. 北京重建

明成祖在营建北京的过程中，吸收了明中都都城规划和建筑设计上所取得的成果。

（1）建北京宫殿

《明成祖实录》说："初，营建北京，凡庙社郊祀坛场宫殿门阙规制，悉如南京，而高敞壮丽过之。"《大明会典》说："营建北京，宫殿门阙，悉如洪武初旧制。"北京的宫殿门阙是凤阳明中都宫殿门阙南京翻版的再翻版，都是沿用了明中都的规划制度，仅稍稍作了一些变动。而这与元大都正殿和寝殿之间均由柱廊连接，主体建筑两侧缺少文华殿、武英殿等配衬建筑是很不相同的。

（2）堆万岁山于宫城之后，建日精门、月华门于后宫左右

永乐营建北京的时候，在宫城的正北面，即金、元万金山的东边，另用拆燕王旧宫即元故宫大内废弃的土渣和开挖筒子河的废土就近堆筑了一座土山，命名"万岁山"，原万岁山恢复旧名"琼华（花）岛"。在宫城背后堆筑"镇山"万岁山，明显是模仿凤阳明中都"席山建殿"，筑宫阙于万岁山之阳的意思。

（3）宫城位置南移

永乐宫城南移以后，即在原来元大都后宫的位置上堆筑一座"镇山"万岁山，并把它圈在宫城之外。

永乐营建的北京宫城，和原元大都宫城相比，有了明显的差别：其一，改变了宫城长宽之间的比例。明中都和南京的宫城是 10∶9，略呈长方形，北京则取乎其中为 6.5∶5，比明中都和南京的宫城略长了一些，比元宫城则缩短了一些。因此，明宫城北门玄武门比元宫城北门厚载门向南移了大约 400 米，而明宫城南门午门前推到原来元故宫前周桥

北京故宫

北京故宫是中国明清两代的皇家宫殿，旧称为紫禁城。是世界上现存规模最大、保存最为完整的木质结构古建筑群之一，是国家 5A 级旅游景区。

的边缘，比元故宫正门崇天门只南移了大约 300 米。其二，环宫城挖了城濠筒子河。其三，宫城内挖了金水河，筑了金水桥。其四，午门前增筑了端门和承天门。其五，承天门前金水桥为五孔，比元周桥三孔多两孔，这些，都明显是继承了明中都的格局。

（4）建太庙、社稷于阙门左右

建太庙于午门前东侧，建社稷于午门前西侧，这是营建明中都规划体制的精华之处，北京完全遵制照办。

（5）推展北京南城墙

把北京城的南城墙向南推移了将近 800 米，如从承天门算起，到正阳门瓮城南端为止，则整整有 1000 米，即长达两华里。南城墙的推展，在营建北京的工程中，是一项关键的改造。首先，伸延了京城和皇城、宫城之间的距离，增加了宫阙的纵深度和雄伟气氛，确定了正阳门、大明门、承天门的位置，列置了六部（刑部除外）和五军都督府等中央官署于中轴线两侧，改变了元大都官署分散的状况。明中都原是左侧为中书省，右侧为大都督府、御史台。洪武十三年（1380）罢中书省，分设六部，改御史台为都察院以后，刑部、都察院、大理寺并称三法司，建于南京太平门外，北京也仿南京，单独一组，建于西城，与中都不同。其次，开拓了长安街。再次，万岁山原已堆成了全城的制高点，南城墙推展以后，万岁山的西南麓又成了全城东北西南和西北东南两条对角线的交叉点，接近于北京城的中心点。这些安排和布局都跟凤阳明中都一模一样，因此，堆万岁山、宫城南移、城墙南堆的规划设计，可能是经过整体考虑后一起定下来的。

（6）开辟皇城前东西大街（东、西长安街）

元大都皇城前没有东西向的大街。南京皇城前也没有东西向的大街。只有凤阳明中都才有云霁街横贯于皇城之前，成为东西向的主要街道。因此，北京东、西长安街的出现，是受了明中都布局设计的影响，规划者在推展南城墙的同时，把元大都南城墙原来的位置空了出来，修筑成了北京城内的主要街道——东西向的东、西长安街。

北京的长安街和凤阳明中都的云霁街也有不同：第一，明中都云霁街的东西两端是高大的鼓楼和钟楼。北京继承元朝原来的布局，把鼓楼和钟楼仍留在中轴线的北端，也是很合适的。但是，北京仍在这个相应的位置上分别建了东单牌楼和西单牌楼，并在它们的北边分别建筑了东四牌楼和西四牌楼。第二，中都的云霁街上，安排了国子学、都城隍庙、功臣庙、历代帝王庙等建筑，营建北京时没有这样安排。原因是明中都云霁街在皇城禁垣之南，离禁垣还有一段距离，云霁街是第一线，皇城禁垣是第二线。而北京长安街即在皇城根前，承天门、太庙、社稷和皇城外墙都被推到了第一线，再安排别的建筑就不甚相称了。这样，

长安街

长安街是北京市内一条连接东城区与西城区的城市主干路，也是中国著名的街道之一。长安街因地处北京市中心、历史悠久、多次举办重大庆典活动而闻名中外，素有"十里长街"之称。

就影响了国子监、都城隍庙、功臣庙、帝王庙等一组建筑的安排。结果，西端原有的一座大庙大庆寿寺留了下来；国子监、都城隍庙也都利用了元朝的旧址，没有再迁建；帝王庙因已有元世祖庙，也未再建筑。这些，都是根据当地的具体情况所作的变通。

（7）筑京师九门

元大都原有十一门，明初北城墙缩进后，剩九门。明中都原设计十二门，罢建中都后，撤了三门，只筑了九门。北京南城墙推展时，并没有在原元大都的东南、西南拐角处留出城门，恢复十一门。这不知是否和明中都仅有九门有关。

（8）定大祀坛、山川坛位置

洪武改建南京的时候，改定为天地合祀礼，于洪武门外东南圜丘旧基建大祀殿，废掉了太平门外玄武湖边的方丘。南京大祀殿位置偏东，离中轴线很远，山川坛位置也在中轴线东侧，位置不对称。永乐营建北京，也只建了大祀殿和山川坛，但位置则照凤阳明中都圜丘和山川坛的布局，安排到中轴线东西两侧的对称位置上，改变了南京因循旧址而造成的缺点。

（9）嘉靖建圜丘、方泽坛，朝日坛、夕月坛，帝王庙

嘉靖九年（1530），恢复明初天地分祀礼。于大祀殿南建圜丘，即天坛；于安定门外东北建方泽坛，即地坛。制度和凤阳明中都的圜丘、方丘相同。

朝阳门外的朝日坛，即日坛，阜成门外的夕月坛，即月坛，也都是嘉靖九年建的，制度大概也和南京、中都的相同。

永乐营建北京的时候，没有建帝王庙。嘉靖九年，朝廷又建帝王庙于阜成门内。

（二）江南园林

1. 第一个高潮

江南园林，源远流长。早在东晋时，苏州就有闻名遐迩的避疆园，"池馆林泉之胜，号吴中第一"。隋唐以后，特别是到了南宋，随着全国经济、政治中心的南移，江南的修园林之风盛行一时。

在明代，江南园林如雨后春笋般涌现，堪称百花争艳，千古风流。王春瑜先生认为，明代江南园林出现过两个高潮，一个是成化、弘治、正德年间，另一个是嘉靖、万历年间；而后一个时期较诸前者更胜一筹。

苏州园林

苏州园林是位于江苏省苏州市境内的中国古典园林的总称。苏州素有"园林之城"的美誉。1997年，苏州古典园林中的拙政园、留园、网师园和环秀山庄被列入世界文化遗产名录。

以前一时期而论，在苏州地区，王锜曾载谓："正统、天顺间，余尝入城，咸谓稍复其旧，然犹未盛也。迨成化间，余恒三、四年一入，则见……闾簹辐辏，万瓦甃鳞……亭馆布列，略无隙地。"(《寓圃杂记》卷五）这里所说的"亭馆布列"，显然也包括园林在内；园亭是从来联属并称的。再以当时的昆山县而论，大体上成化至正德年间兴建的园林，即有郑氏园、翁氏园、松竹林、北园、西园、陈氏园、洪氏园、孙氏园、依绿园、南园、仲园、隆园。在娄县，也出现了水西园、竹素园、南园、七松堂、秀甲园、宿云坞、静园、塔射园、梅园。

2. 第二个高潮

嘉、万时期，江南园林出现了五彩缤纷的局面。时人曾谓："嘉靖末年，海内宴安，士大夫富厚者……治园亭。"(《万历野获编》卷二六）在南京，园林在数量、质量上都超过了洛阳名园。其中最著名的园林有16座，如东园、西园、凤台园、魏公西园、万竹园、莫愁湖园、市隐园、杞园等等。万历时，王世贞在南京做官，曾畅游诸园，写下《游金陵园序》，不少园"皆可游可纪，而未之及也"。有的园，虽占地不广，堪称小园，但"修竹古梅与怪松参差，横肆数亩，如酒徒傲岸箕踞，目无旁人，披风啸月，各抒其阔略之致"(《稗说》卷二）。真是别具一格，独占风情。又如在当时的松江府，上海潘允端的豫园、华亭顾正谊的濯锦园、顾正心的熙园等，都是"掩映丹霄，而花石亭台，极一时绮丽之盛"(《五茸志逸》卷一）。上海经嘉靖倭患，有些园林毁于战火，但平倭后，又兴建了新的园林，如乔启仁原在上海城外筑一园林，"倭夷至，毁于兵，后重构于城内，皆在所居之西，故总之名西园云。园中有紫芝堂、飞云楼、香霞馆、芙蓉池、碧梧馆、玉宇台、孤竹楼、梅花堂、崇兰馆诸胜处"(《何翰林集》卷一二）。再以当时的松江城而论，不仅在城内有啸园、文园、芝园、东园、李园、真率园，在城外也有倪园、熙园、魁园。而绍兴的园林之多，更使人叹为观止。明末祁彪佳著有《越中园亭记》六卷，除了考古卷所记基本上是历史陈迹，只能掩卷遐想当

莫愁湖园 ○··

莫愁湖园位于江苏省南京市，有"江南第一名湖""金陵第一名胜""金陵四十八景之首"等美誉。

豫园 ○··

豫园位于上海老城厢的东北部，是江南古典园林，1961 年开始对公众开放，1982 年被国务院列为全
国重点文物保护单位。

年那些园林的千姿百态，其他各卷所记园林，多为明中叶勃兴而起的。不仅城内有园林，城外的东、西、南、北方，都遍布园林，少则上十处，多则二十余处。而仅城内的一隅之地，即遍布淇园、贲园、快园、有清园、秋水园、虫园、选流园、来园、樛木园、耆园、曲水园、趣园、浮树园、采菽园、漪园、乐志园、竹素园、文漪园、亦园、磥园、豫园、马园、今是园、陈园等。这些园林，大部分小巧玲珑，得水边林下之胜。如马园，"入径以竹篱回绕，地不逾数武，而盘旋似无涯际。中有高阁，可供眺览"。又如来园，"即其宅后为园，地不窬半亩，层楼复阁，已觉邈焉旷远矣。主人多畜奇石，垒石尺许，便作峰峦陡簇之势"。绍兴园林的盛况，堪称明代江南园林的缩影。

神州自古皆锦绣，山河无处不生春。园林自非江南有，但是，明代江南园林的特点，是值得人们刮目相看的。

中国园林是由建筑、山水、花木等组合而成的综合艺术品，富有诗情画意。明代江南园林不仅充分体现了这一特色，而且像一面镜子，清楚地反映出江南文化的特征。我国山水画，素有南北派之分，南派山水画，恬淡悠远，如王维之诗画，画中有诗，诗中有画。明代江南的一些著名园林正体现了这种幽雅的艺术境界。如"山曲小房"，"入园窈窕幽径，绿玉万竿。中汇涧水为曲池，环池竹树，云石其后。平冈迤迤，古松鳞鬣，松下皆灌丛杂木，茑萝骈织，亭榭翼然。夜半鹤唳清远，恍如宿花坞间。闻哀猿啼啸，嘹呖惊霜，初不辨其为城市为山林也"（《说园》）。这样美的小园，使人想起"小园香径独徘徊"的意境。

明代的部分园林已具有商品化色彩。园林乃风花雪月之地，是筑园者享林泉之福的憩休之所，园中所植，主要是花草，除供主人、游人观赏外，不投放市场。但明中叶后，在蓬勃发展的商品经济的刺激下，江南的某些园林，与农业生产相结合，种植经济作物，甚至养鹅鸭，畜鱼数万头，有的产品还投放市场。如上海豫园，即种有西瓜、枣、桃、柿、樱桃、桔、李、梅、香橼等，园内养了不少鱼，部分产品至市场出售。明末常熟瞿式耜的东皋园，"中有池数亩，畜鱼万头……鱼之大者，长至四五尺。每岁春秋二时，辄以空心馒头投之池中，鱼竞吞之，有跃起如人立者，于是置酒池上，招客观之，谓之赏鱼"（《柳南续笔》卷一）。

此外，明代园林还体现了园与庄的结合，这也可称为村庄园林化，或园林村庄化。苏州的东庄便是典型。该庄原为吴孟融所建，内有十景，其孙吴奕又增建看云、临者二亭。

（三）沙船

1. 沙船起源

沙船模型
沙船因为适于在水浅多沙滩的航道上航行而得名。

沙船，在中国航海木帆船当中是四大船型之一。过去，多在上海附近太仓浏河等地制造。在历史上以崇明为最著，太仓、通州、海门、常熟、嘉定、江阴等处均有。

据周世德先生研究，沙船产于唐代，出于崇明，沙船至元明始盛。正史有记载，明初洪武至永乐年间，续行海运供应军需，而且仍由太仓起运，每年运50万石至百万石不等。并建海运仓于太仓。元明之际这一系列的海运都是由太仓起运，成为供应北京辽东军需的主要运输方法。明政府很了解沙船在海运当中的作用，而且当初张瑄曾率部参加爪哇之役，张瑄的次子文虎也率领部下参加了交趾之役。沙船老船工对于东南亚航线相当熟悉。所以永乐初年，命三保太监郑和下西洋，选用沙船船型在南京和太仓两地制造，并以太仓和南京为母港，由太仓、崇明出洋，乃是顺理成章的事情。

永乐三年（1405），这一历史上伟大的壮举开始了。当时出动的船舶总数208艘，其中宝船62号。永乐七年（1409），太监郑和、王景宏、侯显等统官兵27800余人，驾宝船48号，由刘家河过崇明出海，往西南诸国。郑和七次下西洋，自永乐三年（1405）至宣德六年（1431）前后20余年，共历30余国，足迹所至从东经118°至东经44°，从北纬27°至南纬7°，凡历经度74°、纬度34°，每次出动船舰总数百余艘或200余艘不等。

自永乐十二年（1424）会通河成，罢海运。此后，明代漕运即以河运为主，也间或用海运。隆庆四年（1570）河决，六年（1572）复行海运。募沙船100艘，运粮12万石。七年（1573）又增加沙船200艘，崇祯十二年（1639），崇明人沈廷扬议复海运，募集沙船自行创办一次。不久，明亡。

明代沙船用于军事方面也很成功。沈廷扬《海运疏》称：沙船轻捷，先发先至，万历中调沙船水兵援朝鲜，沈氏沙船曾至釜山。万历四十七年（1619）至万历四十八年（1620），又差调援辽，沈氏沙船再次出动。《明史·兵志》称："嘉靖廿三年（1544）兵部言，浙直通泰间最利水战，往时多用沙船破贼，请厚赏招徕之。"足见长江三角洲和沿海一带，在嘉靖以前，久已用沙船作战舰了。当时苏州有沙船二三百艘。通州、登州等地营卫也都设有沙船。登州卫且有沙船来往于辽东一带。不仅如此，长江中下游沙船也经常航行。《筹海图编》称，沙船有五桅的，长江大帆，一日千里。唐顺之议海防说，沙船出苏、常、镇江海沙上，以崇明为最，靖江、江阴次之，镇江又次之。当时太仓、崇明、常熟、江阴、通州、泰州等地大户多自造双桅沙船十数只，小户则几家合伙备造沙船。估计当时长江三角洲一带沙船总数大约在千艘以上。

在国际海运方面,当时不仅中国沙船在东南亚经常航行,而且当地也出现了仿造的中国式沙船。裴化行著《天主教十六世纪在华传教志》称:"1549年,圣沙勿略在麻剌甲附近找到一只中国式的沙船……这船大概有三四百吨重……三桅……"

明代又有创造新船采用沙船船型的。唐顺之建议造定波船,说"底似沙船可以涉浅,面似福船可以御敌"。又有卢崇俊作静江龙舡,舟体分六形:海舡,盐舡,官舡,沙舡,苏舡,襄舡。这静江龙舡是车船,有八轮。足见明代车船也曾采用沙船船型。

2.沙船的特点

沙船船型性能优良,并有其显著的特点。沙船大部分露出甲板,上层建筑少,吃水浅,轻捷,快航性以及能逆风行船,能坐滩(即平搁在滩上),安全而平稳,是其主要特点。经初步分析,以下四个方面是沙船的主要特点:

第一,沙船底平,利于行沙,少搁无碍,即能坐滩,在风浪中也安全,特别是当风向和潮向不同时也比较安全。

第二,顺风逆风都能行驶,适航性能特佳,甚至逆风顶水也能航行。

第三,诸船唯沙船最稳,船宽,初稳性大,又有特备的各项保持稳性的设备,如披水板、梗水木、太平篮等等,所以稳性最好。

第四,多桅多篷,篷又高,利于使风,吃水浅,阻力小,快航性好。

1562年,胡宗宪、郑若曾、邵芳等合著《筹海图编》,附沙船图,二桅二橹,方头方艄,有虚艄,露出甲板,主桅直立,前桅前倾,均是篾篷。

1606年,何汝宾著《兵录》,附沙船图,二桅均直立,布篷,两舷部分有栏杆,有脚船,有边橹,有披水板,从而证实了沙船在明代已具有逆风行船的特性。

1621 年，王圻著《三才图会》，附沙船图，二桅，主桅直立，前桅前倾，布篷或篾篷，一橹，有虚艄，露出甲板。以上均为中小型沙船。

又有李盘著《金汤十二筹》，附沙船图，五桅，布篷，有虚艄，有披水板，全船大部分有上层建筑，后艄有楼舱，是大型沙船模样。

在明代，《兵录》一书就总结了沙船的特点。大致说，沙船底平篷高，便捷轻快，易于驾驶。顺风直行，逆风戗走，底平，浅水亦可以驶。深浅敲戗，用披水板把持，可防偏侧。诸船唯此最稳，但身直膀低，未若鸟船得法。（膀低即舷低，在某种程度上动稳性稍差。）而鸟船头小肚膨，似乎型线较好。（《兵录》的所记沙船长 70 尺，面梁阔 13 尺。）

沙船与唬船大小相若，往往并用。唬船"底尖面阔，首尾一样，底用龙骨，直透前后"（《兵录》）。沙船又与鹰船并用。"鹰船两头俱尖，不辨首尾，进退如飞，有傍板乃茅竹密钉而成。"（《筹海图编》）互相比较，更可见出当时沙船在同级船中所独具的特点。

嘉靖廿年（1541），沈啓著《南船纪》。录有 200 料巡沙船取象于崇明三沙船式（即沙船）。所不同的是，为了巡兵更番休息，在中部建有舱室。为了防御敌人攻击，又在两舷增设女墙。但基本船型仍是沙船，不过增加了一些上层建筑，可视为沙船的发展，二百料巡沙船二桅，十一舱，长 67 尺，阔 13.6 尺。

明代沙船帆橹兼用，或用橹二支（《筹海图编》），或用橹四支（二百料巡沙船），或用橹八支，其中头橹二支，大橹六支（《兵录》）。至清代中叶，有许多沙船已完全利用风力，无桨橹之具了。这是沙船在动力方面的发展。

沙船能逆风行船，已有四百年以上的历史。更重要的是，根据历史文献查考，逆风行船的记载首见于沙船。过了几十年以后，其他各种船型才有逆风行船的记载。所以明代有关历史文献，都特别称誉沙船能逆风行船的特点："使斗风如顺风，视巨浪如无浪！"（《郑开阳杂著》）嘉靖四十一年（1562），胡宗宪、郑若曾、邵芳等合著《筹海图编》说："沙船，能调戗使斗风！"以后，王圻的《三才图会》、茅元仪的《武备志》、李盘的《金汤十二筹》等书，都有同样的记载。1606年，何汝宾著《兵录》称："沙船底平篷高，顺风直行，逆风戗走！"记载更为明确。作者初步分析，逆风行船，必须戗走（戗走就是斜行），否则不能前进。为了保持正确航向，又必须调戗（轮流换向），必须走"之"形路线。逆风行船是沙船的重要特点，在当时是世界上先进的船舶技术。

逆风行船必须用披水板，披水板又称腰舵，通称橇头。二桅沙船披水板安装在主桅两侧，约当船长十分之四的地方，两舷各装披水板一块。调戗时轮流使用下风一侧的披水板。一般大中型沙船，披水板的收放，均利用滑车。披水板长度一般等于船宽，宽度和厚度也根据长度变化，多用椆木、栗木或椐木制成。

沙船长七八丈的，桅的位置是"大桅折中过前二位，头桅更前丈

栗木

栗木又称金丝栗木、铁力木、水清刚木。由于栗木固有的耐久性，它成为世界各地受欢迎的家具用材，很久以前就被用来生产款式优美的家具，很多古典家具也以栗木为材。

余"。因为大桅逼近头桅，宜直行不宜戗走，太远头桅，宜戗走不宜直行，必须相称。一般木帆船的设计，有四六分舱的，有三七分舱的，作者初步分析认为其重要原因也就在此，戗走的船（即准备逆风行船，要调戗的船），应当四六分舱，而直行的船则以三七分舱为宜。

至于桅长，则或与船长相等，或大于船长 4/50，或少于船长 8.3/50，1.4/50，13.9/50。（方以智《物理小识》说："桅之长少于舟之长五十五之一。"这种说法很不全面，最多只能代表某一种船。）沙船旧制，桅用杉木。

二桅沙船大桅直立，头桅前倾。五桅沙船由前向后 1、2、4 桅前倾，3 桅后倾，5 桅直立，其位置 2、3、5 桅在中轴线上，植根于龙骨，1、4 桅偏居橹后，植根于甲板上，如此交错布置，即可获得更多受风面积，又能让出操作场地。

明代沙船有二桅二篷，有五桅五篷，也有三桅的。篷的长度和宽度由一丈至四五丈不等。篷的面积根据计算风力只利用了 40% 左右。内河沙船风篷比较狭长。外海沙船风篷较宽而且较短，约宽一倍，短三分之一左右。大概因为海风强劲，风压中心必须更加降低。兼用辘轳的（通称盘车），有用樟木和椐木制成的，也有用楠木制成的。

沙船的稳性非常突出，诸船唯此最稳。逆风行船必须调戗，调戗极易偏侧，为此，发展了一套特殊设备增加稳性，从而形成了沙船又一个重要特点。

9 世纪初以前，唐代海鹘船两舷有浮板，作者认为是披水板之滥觞。宋代海鹘船图每侧浮板四具。至明，则已简化为一具。通称橇头，又称腰舵。后来，船底增设了梗水木两根，有如今日之舭龙筋，以代替橇头的这一项稳定作用，这是又一个大的进步。然而逆风行船，橇头仍是必备之具，沙船又备有太平篮，竹制，平时悬挂船尾，遇风浪时，装石块放置水中，使船不摇荡。由此，沙船的稳性乃居诸船之首。

明沙船用槐木榆木作舵杆，沙船舵可升降，舵叶可全部入水，舵的升降用盘车，操纵则用葫芦（即滑车）。舵牙有一根或两根备品，重要航行，舵杆也有备品。

明沙船用铁锚一门，青木碇三门，系船设备，明沙船用棕缆竹挽。明沙船用大橹六支，各长 36 尺，头橹二支各长 30 尺，椆木制成。二百料巡沙船用杉木橹四张，各长 25 尺。另有竹篙木槁，备启碇和抛泊时用。

测深水垂铅制重 17—18 斤，棕制水线长 150—350 尺。

定向用针盘（罗经盘），有上下盘，互相校正。

又有脚船，也叫划子，配一橹或一橹二桨，其他船具从略。

3. 郑和宝船

康熙《崇明县志》称："明永乐廿二年（1424）八月，诏下西洋诸船悉停止，船大，难进浏河，复泊崇明。"说明郑和宝船确实巨大。

郑和宝船

郑和宝船是郑和船队中最大的海船，是郑和船队中的主体，也是郑和率领的海上特混舰队的旗舰，它在郑和船队中的地位相当于现代海军中的旗舰、主力舰。

历史上，我国出使外国的船都选用当时当地最大的船。至郑和七下西洋，其规模之大，足迹之广，都超越前代，用特别巨大的船只，长44丈合150.5米。

位于北京的中国历史博物馆明代陈列部分陈列着巨型舵杆，铁力木制成，长11.07米，是1957年5月南京市文管会在下关三汊河附近中保村发现的。据传该地原系明朝宝船厂故址。

该项舵杆，如果用于沙船船型，其尺度与郑和宝船长度是合适的。江苏省大中型沙船舵叶长7尺、宽6尺，宝船厂舵杆舵叶下边至上边高度为6.035米，合淮尺17.6尺。（沙船习用淮尺，淮尺合部尺1.1尺，明工部尺合0.311米。）宝船厂大舵舵叶面积应为361方淮尺。

（四）沈棨与《南船纪》

1. 结构

《南船纪》既是我国历史上十分重要的造船技术典籍，也是沈棨一生中重要的著作。《南船纪》共四卷：第一卷载各船图数，包括船图及全船各项构件和船具的尺寸，以及用料数量，记载极为详尽。计有大、小黄船，各种战巡船，风船，快船，桥船及裁革船等。第二卷载各船因革例，主要为各卫额设船只和修造规定，以及历年裁革和添造情况。第三卷志典司，记主管官员和各类工匠等人员组织以及船厂所属地产等，包括南京工部都水司、龙江提举司及龙江船厂地产册。第四卷载船例和收船之例、收料之例、料余之例及稽考等案例。造船案例主要记各船所用各类工数。

2. 主旨

周世德先生认为，沈棨撰著本书的主旨在于昭示法制、规定工料，从而杜绝弊端。因为务求堵塞漏洞，故所记极为详尽。沈棨编撰本书的具体措施则为："图之形像以便效法，析之度数以便量材，条之因革以便考信，别之章程以便计功。"可称图文并茂。由此上推至明初，当时南京龙江船厂所造各类战船数量庞大，所造海船也不在少，动辄制造数百艘。成化间（约当 1465—1483 年间）郑和下西洋宝船档案为兵部郎中刘大夏焚毁；嘉靖三年（1524）起又停造海船，只造各类战船和宫廷所用大小黄船，海船数据付诸阙如。但仅仅长江运河所用船只的数据已经非常珍贵，这是一部我国古代留传下来的最完备的造船工料定额，其数据之详尽堪称绝无仅有。根据这些数据即可施工造船，而有心者也不难揣摩出各构件之间的比例关系，它为我国古代造船模数制留下了十分具体和精确的原始资料。我国古代技术传统，诸如造船、造车以及房屋建筑等均实行模数制。如造船技术，平底船以大面梁为基数，尖底船以龙骨为基数，所有各类船舶各项构件的尺度，均与该船龙骨或大面梁保持一定的比例关系。

从这些数据中完全可以明白无误地看出何者是主要构件，何者是重要构件，何者是次要构件，同时也显示出中国木帆船船舶结构的特点。

古代造船事业中往往弊端百出，在管理工作上太宽则国家耗资过巨，太严则旗甲赔累不堪。沈棨鉴于小民的困境，曾经慨叹说："匠班芦课虽田夫杼妇之膏既穷；包作揽头肆市虎道狼之心未厌。"为了"澄本植源"，经过精打细算，铢研寸究，才厘定了这一部详尽的工料定额，务求规定合理、切实可行，这在历史上极为少见。编纂过程中因为船只制度不同而材料相同，或材料相同而制度不同等种种原因，诸多难处，作者曾经煞费苦心，经过详细推求，才达到标准，完成著书的主旨。因此，《南船纪》既对当时的造船事业，也对后世的造船事业产生相当大的影响。其后，李昭祥所著《龙江船厂志》中，多处引用了沈棨《南船纪》中的记载和论述。由此可见，沈棨既是一位贤明的地方长官，又是一位历史上有名的水利和造船专家。

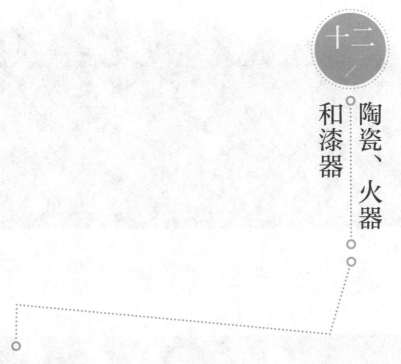

（一）陶瓷技术

明代烧造建筑用陶的大规模的砖瓦窑场，除了南京的聚宝山窑以外，永乐以后的临清窑、苏州窑、蔡村窑和武清窑都是最主要的建筑用陶的产地。

明代日用陶器的主要产地有仪真、瓜州、钧州、磁州和曲阳等地，它们还担负着大量的皇室派造任务。

日用瓷器，除了宋元时期的大窑场如磁州、龙泉等地仍有烧造外，不同程度的粗、细陶瓷器生产遍及山西、河南、甘肃、江西、浙江、广东、广西、福建等地。其中，山西的法华器、德化的白瓷和江苏宜兴的紫砂器更是这一时期的特殊成就。而福建、广东等地的外销瓷生产也有着相当大的规模。但是，就整个制瓷业来说，代表明代水平的是全国制

瓜州

瓜州县今隶属甘肃省酒泉市，地处甘肃省河西走廊西端，瓜州县有国家级文物保护单位 4 个，省级文物保护单位 16 个。

景德镇

景德镇市位于江西省东北部，别名"瓷都"，为江西省地级市。景德镇陶瓷享誉全世界，历史上是官窑之地。民国时期曾与广东佛山、湖北汉口、河南朱仙并称全国四大名镇。

瓷业中心——江西景德镇。

明代景德镇所产的瓷器，数量大、品种多、质量高、销路广。宋
应星在《天工开物》中说："合并数郡，不敌江西饶郡产……若夫中华
四裔，驰名猎取者，皆饶郡浮梁景德镇
之产也。"这是说明产量大、销路
广。从品种和质量来说，景德镇
的青花器是全国瓷器生产的主
流；以成化斗彩为代表的彩瓷，
是我国制瓷史上的空前杰作；永乐、
宣德时期铜红釉和其他单色釉的
烧制成功，则表明了当时制瓷工
匠的高超技术水平。

彩瓷
彩瓷也称为"彩绘瓷"，是汉族传统名瓷之一，
是在器物表面加以彩绘的瓷器。

1. 景德镇官窑

（1）景德镇青花瓷器的生产，有官窑和民窑两种

明代御器厂成立于洪武初年（1368）还是较后时期，这个问题有
待进一步研究才可确定，但洪武时期青花瓷器的需求量已经很大则是确
定无疑的，这包括了民用和官用。明王朝在洪武二年（1369）就已规定
"祭器皆用瓷"。明朝政府在对入贡国的答赠中，也需要大量瓷器，例如
洪武七年（1375）一次就赐赠琉球瓷器 7 万件，洪武十六年（1383）赐
赠占城和真腊各 19000 件，洪武十九年（1386）又遣使真腊赐以瓷器。

在国内外传世的元末明初青花瓷器中，有一部分似属洪武时期的产
品。其特征是青花色泽偏于暗黑，这可能是由于当时战争环境，中断了
进口青料而使用国产青料造成的。在图案装饰方面，则开始改变元代层
次多、花纹满的风格，而趋向于多留空白。扁菊花纹使用较多，葫芦叶
的绘画也不如元代那样规矩。在景德镇御器厂旧址宣德层下发现的红

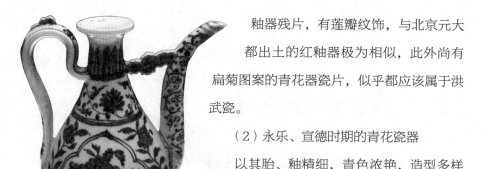

明永乐青花瓷
明代永乐年间的青花瓷端庄秀美，
器物线条非常柔美流畅。

釉器残片，有莲瓣纹饰，与北京元大都出土的红釉器极为相似，此外尚有扁菊图案的青花器瓷片，似乎都应该属于洪武瓷。

（2）永乐、宣德时期的青花瓷器

以其胎、釉精细，青色浓艳，造型多样和纹饰优美而负盛名，被称为我国青花瓷器的黄金时代。

但由于史籍失记，而永乐青花瓷器除了"压手杯"等少数有篆书年号款外，都不书年款，因此，对于永乐青花瓷器的识别较难。永乐和宣德之间，虽然隔着一个洪熙，但为时只一年，事实上几乎是相接的。帝王的更迭，并不必然带来手工业品风格的改变。永乐和宣德两朝的青花瓷器具有共同的特点和风格，是很自然的事。明人工世懋和黄一正，在《窥天外乘》和《事物绀珠》中把永、宣二窑相提并论，是合乎情理的。

永乐、宣德时期官窑青花瓷器的胎、釉制作技术，比元代有了进一步的提高。胎质细腻洁白，釉层晶莹肥厚，是这一时期官窑青花的特征之一。而在习惯上，又把釉层更肥润的一类归属永乐朝的产品。

青花色泽的浓艳，是这一时期官窑青花最主要的共同特征。历来传说这时期所用的青料，是郑和出航西洋从阿拉伯地区带回的所谓"苏麻离青"。这种青花料含锰量较低，含铁量较高。由于含锰量低，就可减少青色中的紫、红色调，在适当的火候下，能烧成像宝石蓝一样的鲜艳色泽。但由于含铁量高，往往会在青花部分出现黑疵斑点。这种自然形成的黑斑，和浓艳的青蓝色却又相映成趣，被视为无法模仿的永、宣青花瓷器的"成功之作"。

但是，在传世的永乐、宣德青花瓷器中，有相当一部分不带铁锈样黑斑，而青花色泽又极为幽雅美丽的制品。有人物画面的青花器，往往属于这一类，其所用的青料究竟是国产钴土矿，还是进口料加以精制的产品，还有待于进一步研究。

永乐、宣德青花瓷器在风格上，也改变了元代的厚重雄健而趋于清新流丽。尽管永乐、宣德青花仍有较大的盘、碗等器，但很多是精致的器物，如精致、小巧而又显得端稳的永乐青花压手杯，口沿外撇，拿在手中正好将拇指和食指稳稳压住。这种精心设计的新品种，在明代就得到了很高的评价："永乐年造压手杯，中心画双狮滚球，为上品；鸳鸯心者，次之；花心者，又次。杯外青花深翠，式样精妙。"（《博物要览》）北京故宫博物院所藏的，是中心画双狮滚球和画花心的两种。

永乐、宣德时期的青花瓷器，目前收藏在国内外各大博物馆的还有一定数量，其中以宣德大盘为多。

（3）成化、弘治、正德时期的青花瓷器

如以所用青花料的不同来分期的话，永乐、宣德时期的官窑青花，所用的青料主要是进口的苏麻离青。成化、弘治和正德这三朝的官窑青花瓷器，则是进口青料和国产青料杂用烧制而成。

成化瓷器最主要的成就，是斗彩的烧制成功。但青花瓷器也有一定的声誉。成化青花除了少数早期制品仍

斗彩

斗彩又称"逗彩"，中国传统制瓷工艺的珍品。斗彩以其绚丽多彩的色调、沉稳老辣的色彩，形成了一种符合明人审美情趣的装饰风格。

沿用苏麻离青因而带有黑斑，同时在风格上又和永乐、宣德时期的青花相似外，又以青色淡雅而著称。由于苏麻离青料的断供，成化官窑后期主要用的是产于江西饶州地区乐平县（今乐平市）的陂塘青，也叫平等青。这种国产青料，含铁量较少，因此不再出现宣德青花那种黑斑。由于经过精细的加工，在适当的温度中，能烧出柔和、淡雅而又透彻的蓝色来。从传世的实物看，成化青花瓷器的造型，并不如宣德青花那么多样。但是，玲珑、精巧的小型器物，却是这一时期突出的产品。在图案的装饰手法上，更趋向于轻松、愉快，如婀娜的花枝和活泼的婴戏图等，给人以艺术享受。当然，除了青色淡雅的典型瓷器以外，成化青花也有较浓青色的，但是，胎薄釉白而青色淡雅是这一时期青花器的普遍特征。

弘治的青花瓷器，从器型、装饰和青料使用等各方面看，都是成化风格的继续。它所使用的青料，主要是平等青，只是由于配料成分及烧成温度的不同，仍有较浓和较淡的不同色调。器物以盘、碗为主。在装饰图案中，以莲池游龙最有特色。不过，从主题的构思来说，象征着腾跃的龙，竟然局处于莲池之中，是很不协调的。这样的题材，往后就用得较少。

正德初年，明朝廷就在景德镇烧造御器，虽然因宁王叛乱，一度停止生产，但不久即恢复。而且，当时的督陶官梁太监，还把一些民户强迫编入匠籍，以扩大其"官匠"的队伍。这说明正德时期瓷器的烧造量也并不在少。正德青花，从色泽上说，有好几种不同的类型。薄胎白釉而青色淡雅如成化风格的，已比较少见；典型的正德青花瓷器，是胎骨厚重，青花浓中带灰的色泽为主。此外，尚有一种鸡心婴戏图碗，其器形和图案同习见的嘉靖婴戏碗完全一致，而青色亦呈翠青，但"混青"现象严重。

（4）嘉靖、隆庆和万历初年的青花瓷器

以使用回青料为标志的嘉靖青花，是明代青花瓷器史上又一个突出的阶段。嘉靖青花并不是全部使用回青着色，而是以回青和瑞州石子青配合使用。

嘉靖青花的色泽，一反成化的浅淡和正德稍浓而带灰的色调，呈现一种蓝中微泛红紫的浓重、鲜艳的色调。由于嘉靖青花所用的青料中铁与钴的比值是所有国外及国内中最低的一种；而它的锰和钴的比值，虽比宣德以前的进口料为高，但也比一般的国产料为低。因此，它既没有永乐、宣德及元代青花那种黑铁斑，也不产生正德时单用石子青那种黑灰色调，而又比成化时所用的平等青要显得浓艳。嘉靖青花器在明清之际曾得到较高的评价。

嘉靖青花瓷器，除了以青花色泽取胜外，器形则更趋多样，除了各类餐具、陈设器及花盆、鱼缸等日用器外，还有各种宗教供器。造型上，则仿古铜器的风气较盛。总的来说，嘉靖的器物带有一种粗犷的面貌。在图案装饰方面，除了以前各个时期所有的主要题材外，道教色彩的题材出现较多，而像"寿""福"等字也出现了，这是过去很少有的。

隆庆青花瓷器的风格基本上是嘉靖青花的延续，回青料继续使用，有的色泽亦很鲜艳。在传世品中，像六角壶、花形盒、银锭盒和方胜等，都是比较特殊的器形。北京故宫博物院所藏青花云龙提梁壶，胎骨厚重，色泽浓艳，可说是隆庆官窑青花的典型器物。

万历早期的青花瓷器，基本上也和嘉靖风格一致，所用颜料亦多回青。有的器物，如若没有万历的年款，就很难和嘉靖时期的区别开来。

（5）万历中期以后至明末的青花瓷器

万历的青花瓷器，除早期的青料仍用回青，和嘉靖风格相似外，中期以后，可能因回青断绝而改用国产青料。

万历官窑青花瓷器，中期以后所用的青料是浙江省所产的浙料。浙江省的衢州、信州、绍兴、金华地区都出青料。但在万历三十五年时，浙江东阳、永康、江山三地所产青料，官府并未征收，而是折成银钱上交的；新昌所产青料，虽由官府征收实物应用，但"青竭而粗恶不堪"。传世的万历中期以后的青花瓷器，并不全是"粗恶不堪"。有的虽不如嘉靖青花那样浓艳，但蓝中微微泛灰的色调，也颇有沉静之感。

万历青花的器形多样，御器厂除继续烧制难度极大的龙缸和屏风等大器如定陵出土的高达 73 厘米的青花大瓶外，还烧制像棋盘、棋石、烛台、笔管等器物。图案除常见的龙、凤纹外，各种动、植物及人物图案也比较盛行。

2.景德镇的民窑

瓷都景德镇虽然设立御器厂为宫廷提供御用瓷器，但这里的民窑制瓷业也是具有雄厚的基础的。

（1）明初至成化以前

从湖田采集的瓷片看，明代前期宣德年间的民窑青花器虽也有用含铁量较多的进口"苏麻离"青料烧制的宗教用器和各类民间日用品，但明初至成化以前的产品，大多用的是国产料，其青色基本上比用苏麻离青的永乐、宣德官窑青花器为灰，同时也不带黑色的斑点。这一时期的器物，以盘、梅瓶和罐为突出。

（2）成化、弘治、正德时期

成化、弘治时期官窑青花瓷器所用的是色泽较淡的陂塘青。上等青料由官府控制，但不会和进口料一样贵重，民窑通过各种途径得到一些较好的青料，是完全有可能的。

正德时期的民窑青花瓷器，不论从品种方面，还是从数量方面看，都是比较多的。这一时期所用的青料，表现在器物上基本上带灰色。流传下来的器物，除盘、瓶、炉、洗、罐外，各式碗类数量极大，这和明代中期以后民间的墓葬风气有关。正德以后，民间用瓷碗陪葬的习俗风行，碗都安放在墓的圹内棺外，习惯上称为"圹碗"。瓷碗花纹除人物、双凤、花鸟、鹤鹿、虎以及田螺等各种动物上，也有方胜、钱纹、海涛等图案。

（3）嘉靖、隆庆、万历时期

嘉靖、隆庆以后，由于资本主义因素的发展和官搭民烧制度的实行，有一些高级的民窑青花瓷器，不仅胎、釉制作的精细程度和官窑器相似。而且可能冲破了纹饰的官方规定。由于官窑的"钦限"御器是在民窑中烧造，这在一定程度上促进了民窑的制瓷技术水平的提高。嘉靖时期的民窑高级青花瓷器，据记述，就有绘有花草、人物、禽兽、山川的屏、瓶、盆、盘之类。

万历时期，景德镇民窑还为外销欧洲特制大批青花器皿，其图案纹饰基本是根据欧洲客户的需要而设计的，盘子口沿一般分成若干格，绘以郁金香纹。日本学者称为"芙蓉手"的，即属此类。

（4）明末天启、崇祯时期

景德镇青花瓷器产量是很大的。宋应星《天工开物》记述景德镇制瓷使用青料的情况说："凡饶镇所用，以衢、信两郡山中者为上料，名曰浙料。上高诸邑者为中。丰城诸处者为下也。"又说："如上品细料器及御器龙凤等，皆以上料画成。"说明当时的官窑器及高级民窑青花所用的青料是浙料，较粗的民窑器则用中料和下料。

近年来在景德镇观音阁地区也发现了大量碎片，从青花的色泽看，确实没有嘉靖、万历时期官窑器及民窑青花精细瓷器那么鲜艳，蓝中呈灰的程度较大。

值得重视的是，明末民间青花瓷器的图案装饰题材多样，完全突破了历来官窑器图案规格化的束缚。各种大小动物如虎、牛、猫、虾、鹦鹉、鹭鸶等全都入画，写意山水也较盛行，并且在画上配诗。日本陶瓷界所谓的"古染付"，即是指天启民窑青花瓷器。其中有一些具有写意山水、花鸟画意的青花瓷器，是否专为销售日本而定制，值得研究。在景德镇发现的碎片中，也能发现具有写意手法的青花图案。

鹦鹉

鹦鹉是一种羽毛艳丽、爱叫的鸟。其羽色鲜艳，常被作为宠物饲养。它们以其美丽的羽毛、善学人语的技能，为人们所钟爱。

鹭鸶

鹭鸶是鹭科的鸟类，这是一种很古老的鸟类。其主要活动于湿地及林地附近，它们是湿地生态系统中的重要指示物种。

3. 彩瓷与成化斗彩

彩瓷，从广义角度讲，应该包括点彩、釉下彩、釉上彩和斗彩，但习惯上所谓的明代彩瓷，是指釉上彩和斗彩。

明代彩瓷的兴起，除了有彩料和彩绘技术方面的因素外，还应归功于白瓷质量的提高。因为有了细腻洁白的白瓷做底，绚丽多彩的画面才能更好地表现出来。

明代釉上彩常见的颜色有红、黄、绿、蓝、黑、紫等数种，它们采用不同的着色剂以及相应的工艺。

1964 年南京明故宫出土的洪武白釉红彩云龙纹盘，是目前仅见的洪武时期釉上红彩。这只白釉红彩龙纹盘，"盘壁表里各画五爪红龙两条及云彩两朵。灯光透映，两面花纹叠合为一"①。这样精致的制作水平，代表了明初釉上彩的成就。在整个明代，釉上红彩的制作，几乎没有间断。

北京故宫博物院、台北故宫博物院和上海博物馆以及外国的一些收藏单位，都藏有宣德时期的青花红彩器，这种釉下青花和釉上红彩相结合的制作工艺，在明代宣德以前的器物上还没有发现过。

釉下青花和釉上红彩相结合，在广义上可称为斗彩，它是发明成化斗彩的准备阶段。一定意义上说，这是划时代的。因为，在明宣德以前，釉下青花和釉上彩的工艺虽都早已成熟，但它们都是单独存在的。只有到了宣德才把这两种工艺结合起来，创造了釉下青花和釉上彩相结合的新工艺。青花红彩器是在先烧成青花瓷器后，再在釉上用铁红描绘图案，然后低温烘烤。由于釉里红的烧成难度很大，要得到鲜艳的红色是极不容易的，而铁红的烧成比铜红要容易得多。正是这种新工艺，为明清时期斗彩瓷器的发展，奠定了基础。

斗彩是釉下青花和釉上彩色相结合的一种彩瓷工艺。斗彩这个名称，不见于明代的文献记载，《博物要览》《敝帚轩剩语》《清秘藏》《长物志》等都只有"成化五彩"或"青花间装五色"的名称。

《南窑笔记》认为，凡是釉下青花和釉上彩色拼斗成完整图案的，称为斗彩；凡是用釉下青花双勾各种图案的轮廓线，而以釉上彩色填入的，叫填彩；单纯的釉上彩，则称为五彩。其实，若从釉下彩和釉上彩相结合的角度看，填彩也可属于斗彩的范畴之内。

成化白瓷的制作，至少在薄胎这一点上，可说是达到了当时的最高水平。为了要充分衬托各种色彩的鲜艳程度，成化白瓷的釉色也和以前

---

① 《南京明故宫出土洪武时期瓷器》，《文物》1976 年第 8 期。

各时期的色泽不一样，它往往在白中微微显牙黄，釉层较厚，给人以一种沉静的感觉，也就更能显出各种彩色的效果。

4. 高温及低温单色釉

明代景德镇的高温单色釉和低温单色釉瓷器都有很大发展。《南窑笔记》除记述了永乐、宣德时期的甜白、霁青、霁红外，并说："月白釉、蓝色釉、淡米色釉、米色釉、淡龙泉釉、紫金釉六种，宣、成以下俱有。"同时，还记载了明代直隶"厂官"窑的色釉制品："其色有鳝鱼黄、油绿、紫金诸色，出直隶厂窑所烧，故名厂官，多缸钵之类，釉泽苍古，配合诸窑，另成一家。"从传世的实物看，永乐时期仿龙泉釉、仿影青，宣德时期的酱色釉、洒蓝和成化时期的仿哥窑器也都有较高的水平。明代单色釉最突出的成就是永乐、宣德红釉和蓝釉，成化孔雀绿和弘治黄釉。

（1）永乐时期的甜白瓷的烧制成功

是明代景德镇单色釉瓷器发展过程中的一大进步。古代白瓷的制作，并不是在釉料中加进一种白色呈色剂，而是选择含铁量较少的瓷土；釉料经过加工，使含铁量降低到最少的程度；在洁白的瓷胎上，施以纯净的透明釉，就能烧制出白度很高的白瓷来。假使再将瓷胎制得较薄，薄到半脱胎或"脱胎"的程度，那就更增加了这种白瓷诱人的美感。

明代在白瓷烧制工艺方面有不少成就，主要表现在下列几个方面：瓷胎中逐渐增加高岭土的用量，以减少瓷器的变形；精工粉碎和淘洗原料，去除原料中的粗颗粒和其他有害杂质以增加瓷器的白度和透光度；提高瓷胎的烧成温度以改变其显微结构，从而改进瓷器的强度以及其他物理性能；改进瓷器装匣支烧的方法，从而增加美观并利于实用。上述烧造技术上的巨大进步，使白瓷的外观和内在质量都有飞跃式的提高。

明代的薄胎瓷，特别是脱胎瓷，便是突出的例子。

（2）薄胎瓷器制作

开始于永乐时期，但永乐的薄胎只是半脱胎，到成化时期，白瓷有更高的成就，其薄的程度达到了几乎脱胎的地步。脱胎瓷的制作，从配方、拉坯、修坯、上釉到装窑烧成，都有一整套的技术要领和工艺要求，修坯是其中最艰难、细致、最关紧要的一环。脱胎瓷的修坯一般要经过粗修、细修、定型、粘接、修去接头余泥并修整外形、荡内釉，然后精修成坯并施外釉。在修坯过程中，坯体在利篓上取下装上，反复近百次之多，才能将两三毫米厚的粗坯，修到蛋壳一样薄的程度，在修坯的关键时刻，少一刀则嫌过厚，多一刀则坯破器废，一个大的喘息都会导致前功尽弃的后果。其制作工艺的难度，由此可见一斑。明代永乐时期，鲜红器正式烧制成功。在鲜红器开始问世以前，在陶瓷这个领域里还没有一种色调纯正的红釉瓷器。由于这种红釉具有鲜艳的红色，人们就称之为鲜红；又由于这种红釉像红宝石一样美丽，有人也就把它叫作"宝石红"；此外，还有"祭红""霁红""积红"等名称，实际都是指同一种东西。

宣德时期，红釉制作进一步发展，在生产数量上有明显的增加，但胎、釉均较永乐略厚，致红色稍显黯黑。但这是和永乐红釉器相比而言的。

宣德以后，红釉制品就极少烧造，成化、正德时期虽力图烧好红釉，但从传世品看，除少数几件外，大多是不太成功的制品。到了嘉靖初，就用矾红来代替鲜红了。矾红以氧化铁着色，在氧化气氛中烧制低温红，比烧成高温铜红容易得多。它的色泽往往带有一种橙味的砖红色，没有铜红那样纯正鲜丽，但烧制成功率比较稳定。正由于此，景德镇御器厂就采用矾红代替铜红了。

（3）蓝釉瓷器

蓝釉是钴的呈色，蓝釉最初出现在唐代的三彩陶器上，这是一种低温铅釉。在宣德时期，蓝釉（也称霁蓝、祭蓝）器烧造较多。后人把它和白釉、红釉相提并论，推为宣德瓷器的"上品"。

（4）孔雀绿瓷器

孔雀绿亦称"法翠"，是一种以铜为着色剂的色釉。在明代孔雀绿烧制技术成熟以前，所有的绿釉都属于一种深暗的青绿色泽，没有达到亮翠的程度。明代的孔雀绿釉则烧成了与孔雀羽毛相似的翠绿色调，碧翠雅丽，十分美观。

（5）弘治黄釉

我国的传统黄釉有两种，一是以三价铁离子着色的石灰釉，这是一种高温黄釉。另一种是低温黄釉，也用含铁的天然矿物作着色剂，但基

黄釉

黄釉是汉族传统的陶瓷装饰艺术，最早出现于唐代，明代的黄釉有新的发展，始于宣德的浇黄，更是明代杰出的艺术作品。

赭石

赭石是氧化物类矿物刚玉族赤铁矿，主含三氧化二铁，为豆状、肾状集合体，多呈不规则的扁平块状。

础釉是铅釉，这种低温黄釉早在唐三彩上就已出现。但唐三彩上黄釉的色调是黄褐色，明代弘治时期黄釉的色调才是真正的黄色，它达到历史上低温黄釉的最高水平。明代黄地青花的品种虽在宣德时期已经出现，但是纯粹的黄釉最早见于成化时期，而且数量也并不多。低温黄釉瓷器的施釉方法有两种，一种是直接施于无釉的烧结瓷胎上，另一种则是施于烧结白瓷的白色底釉上。着色剂是以一种含铁量较高的天然矿石——赭石的形式加入的。

（二）火器专家赵士桢

1. 生平事迹

赵士桢，字常吉，号后湖。浙江省温州乐清县人。生卒年代不可确考，大约生于明嘉靖三十一年（1552），卒于明万历三十九年（1611）左右。祖父赵性鲁，官至大理寺寺副，很有学问，曾参加修《大明会典》，工诗词，尤精书法。赵士桢颇受其影响，故亦擅书法。他曾把自己的诗作写在扇叶上，被宦官带入宫中，偶然为年幼的万历皇帝见到，极表赞赏，旋于万历六年（1578）"以善书证，授鸿胪寺主簿"（《光绪乐清县志》），后受召入直文华殿。万历二十四年（1596），晋升为中书舍人，自此终其身。

赵士桢"生长海滨，少经倭患"（《神器谱》），颇能了解增强国防力量的重要。他说自己从"海氛初起，即留心访求神器"。他曾专门向当时的火器专家、《火攻大全》一书的作者，学习了一段时间，赵士桢还作了广泛的调查研究。首先，他向陈国保等老前辈了解明代前朝使用火器的情况，得到了"先朝……所用不过旧日火器，近日退虏亦不过日本鸟铳"（《神器谱或问》）的结论，深感当时火器的落后。他曾"遍访"抗倭名将胡宗宪、戚继光的部下，了解到"倭之长技在铳，锋刃未交，心胆已怯"的情况，进一步认识到火器在抗倭御寇战争中，具有特别重要的作用，因而坚定了致力于研制火器的意志。他尤其注意向有实践经验的将领请教，如在抗倭中屡树战功的林声芳、吕悦、杨鉴、陈录、高凤、叶子高诸将军，赵士桢常常同他们"朝夕讲究"，频频研讨。万历二十四年（1596），他在温州同乡、游击将军陈寅处见到西洋番鸟铳，很受启发。当他获知由于进贡来到北京而定居下来的土耳其人朵思麻，原来在土耳其就是一位专门管理火器的官员，于是赵士桢就设法向他求教。朵思麻把所藏的鸟铳给他看，并详细讲解了制造和使用方法。由于他努力搜访，锐意钻研，积累了十分丰富的资料和研制火器的经验。明末著名的火器专家焦勖在论当时的火器著作时指出："惟赵氏藏书，海外火攻神器图说，祝融佐理，其中法则规制，悉皆西洋正传。"（《火攻挈要》）对赵士桢收藏的火器资料，给予了很高的评价。

　　洪震寰先生认为，赵士桢是在长期的搜访和钻研的基础上，于万历二十五年（1597），提出《用兵八害》的条陈，建议制造番铳。虽经兵部议交京营试制，但由于京营没有图式，无从着手，又来向他请教。赵士桢唯恐这些昏庸官僚"制造打放两不如法"，白白糟蹋了研究成果，便自己出钱，邀集一批工匠进行研究试制。在朵思麻的协助之下，赵士桢终于研制出两种新的枪型：撮合西洋铳和佛郎机之长处，制成"掣电铳"；掇取鸟铳和三眼铳的优点，制成"迅雷铳"。这一次总共造了四种，计十多架，并将其中七架实物绘了图样，写了文字说明。其内容包括构造、制法、打放架势等，上呈皇帝。这就是他的主要著作之一《神器谱》。皇帝批交兵部、工部等有关部门会审。万历三十年（1602）六月，由刑部尚书萧大亨主持，会同有关部门的代表，在北京宣武门外西城下进行试验。据会审报告说，当时曾将赵氏所制的"车铳逐一试验，并将原议神器诸谱一一参详，其器械委果铦利，其制度委果精巧"。建

中国历代科技史·明代科技史

议皇帝把赵氏"所制车铳式样随发京营，依法成造，责令官员加意教演，传示各边，以究其防边制虏之用"。报告还要求对赵士桢"朝夕讲究，殚力倾资制造利器，用备不虞"（《防虏车铳议》）的行动，给予嘉奖。

赵士桢研究火器的范围很广，包括枪、炮、火箭、炮车等。他的研究工作，不但"得之秘传、参之载籍，正之素经战阵之人"，并且"穷搜冥思，苦坚生慧，巧熟两凑"。因而，他在总结和接受前人经验的基础上，有新的创造，并对自己的研究成果不断改进和提高。例如，他研制出掣电铳后，发现"因相接处稍有喷泄之患"，就加以改进，结果"聊变其制"，克服了这个缺陷，便能"免致薰灼两旁士卒"。又如万历二十六年（1598）进呈的迅雷铳，可以连发五弹；至万历三十年（1602），就发展成为"战酣连发"，可以一气发射18弹。赵士桢还非常注意国外火器技术的发展，并加以摄取和创造性的运用。所以他的发明往往能够"较旧器则数倍其利，较倭铳则便利倍之"（同上）。如当他得悉日本人使用一种新式火器"大鸟铳"，威力大，命中率高，十分厉害。他就"毕虑竭愚"，取其长处，结合其他火器的优点，发明了"鹰扬炮"，足以压倒日本的大鸟铳。

难能可贵的是赵士桢的整个研制工作是在极其困难的条件下进行的。他得不到经济的支持，就自掏私囊，"散金结客"，"捐资鸠工"，苦心经营起来。到了晚年，健康状况恶化，仍然勉力坚持，不稍怠懈。正如他自己所说的："以薄柳孱弱之躯，备极劳苦，孳孳吃吃，恒穷年而罔恤"，且"以一生辛勤耕笔之余，千金坐散而不顾"。他在这样困难的条件下作出如此重大的成绩，是令人敬佩的。

作为"持橐簪笔，无疆场之寄，三军之任"的赵士桢，为什么要把毕生精力贯注在火器的研制之中，甚至到了"竟成锻癖，倒囊浪费而罔惜，劳神无用而不悟，似醉若痴"的程度呢？他自己说得很清楚，那就是"隐忧师老财绌，将吏未见勠力，南北不肯同仇。祸结兵连，靡所底止。深信神器之利，用之有方，足以挫贼凶锋，则息肩有望，除之有素，堪称不饷之兵，则劳费可节，庶几不留不处，中外民力少苏"（《神器谱》）。他一再把自己研制火器的全部目的，归结为"振国威""彰天讨""裕国用"三点。由此可见，他确实是为了加强国力，抵抗外患，以期国泰民安。这种爱国思想给他带来巨大的力量，抵住了无端的讪谤，克服了物质上的困难，以"身可死而心不肯灰"的献身精神，坚韧不拔，终于作出了重大的贡献！充分表现了他具有不为名利，一心抵御外患的爱国感情和民族气节！

2. 主要著述

赵氏著作大都和火器有关，现将可考的主要著作论列如下。

（1）《用兵八害》

这是写给当局的一个条陈，作于万历二十五年（1597）。其内容是陈述火器之利，建议制造番铳。此件可能已佚，在其所著《防虏车铳议》中提及。

（2）《神器谱》

郑振铎《玄览堂丛书》有影印明万历二十六年（1598）刊本。北京图书馆藏有明抄本。此书成于万历二十六年（1598），当年进呈并刊刻。前冠"进器疏"，并有王延世序，末附自跋，正文分"原铳""图式样""打放架势""神器杂说"四个部分。明刊本合作一卷，《千顷堂书目》分作四卷，孙诒让因而疑赵氏"别有认定足本"。恐未必然，盖《书目》按上述四个部分，析作四卷。

"进器疏"力陈枪炮之利；"原铳"略叙火器渊源及其本人得铳之原由；"图式样"是"噜密铳""西洋铳""掣电铳"和"迅雷铳"的构

造图，包括总装图、部件图、附件图及其简要的文字说明；"打放架势"是使用步枪的各个动作的图示，附有文字说明；"神器杂说"计31条，分别介绍各种枪型的性能、优缺点、制造工艺、使用方法，以及火药生产等。

（3）《续神器谱》

上海图书馆存有明万历戊戌刊本，其首页盖有"左史赵士桢图书印"朱文篆字章一方，自叙末盖有"东嘉赵士桢印"朱文篆字章一方，跋文末又盖有"士桢"朱文印。看来似为赵氏家藏本，果真如此的话，那是何等珍贵啊！

此书分为四个部分，首为赵氏自叙。次为"图式"，计有"鹰扬炮""震叠铳""三长铳""翼虎铳""奇胜铳"五种火器的全形图和正、侧面图，还有"拒马伞""软牌""炮架""虎头车"等器的结构图式和使用图式。再次为"续神器谱杂说"32条，内容涉及上述诸铳的用法、维修以及弹药的制作使用等。所述多很翔实，自谓"年来亲身为之，试有实验，殊非漫语"。末有作者的简短跋文。

（4）《神器谱或问》

附在《续神器谱》戊戌本后，二者字迹全同，并同于《玄览堂丛书》影印的《神器谱》戊戌本，此《神器谱或问》当也是戊戌刻本，据郑振铎序《玄览堂丛书》影印的《神器谱或问》以明抄本为底，其内容、行款全同于上述戊戌刻本，当为影抄。据刘世学万历二十七年为此影抄本所作的"叙"称，赵氏写了《神器谱》和《续神器谱》之后，鉴于当时对于枪炮，"任事者未必用，用未必知变，不知变则利害亡准"，"曝直之霞，复掳二谱未竭之愚"，"乃作为《或问》，以疏其绪"，则此书作于二谱之后。《神器谱或问》计44条，内容涉及火器的利害、制造、使用诸方面，均为问答形式。

（5）《备边屯田车铳议》

按《玄览堂丛书》影印明抄本，此书实应分作《防虏车铳议》和《倭情屯田议》。前者包括"疏""议""铳图（有引）""车图（有引）"及"跋"；后者除"议"外，还附有"中国朝鲜日本形势图（有引）"。《艺海珠尘》丛书将其合而为一，题作《备边屯田车铳议》。此书当作于万历三十年。

《车铳议》大意是说，"用兵之道，当以车自卫，以枪杀敌，故其议极陈车铳之利"。《铳图》绘有"鹰扬炮""轩辕铳""噜密铳""九头鸟""旋机翼虎""掣电铳""火箭溜""连铳"以及"百子佛郎机"，计九种枪炮的图式。此外，还有所谓"铺车士卒火器十种"（实则十一种）的图式，即"国初三眼枪""国初双头枪""三神镋""电光剑""……花枪""天蓬铲""火箭刀溜形""火弹筒""锹铳""镢铳"和"步下翼虎铳"的正面和侧面图。《车图》绘有"鹰扬车"的总装图、部件图和进行式图。《屯田议》大意是陈说屯田之利，建议召募壮丁屯于辽东等沿海之荒地。《形势图》是一幅包括渤海、黄海和东海北部一带的地图。

3. 重要贡献

赵士桢毕生潜心于火器的研制和推广应用，在我国火器发展史上作出了重要的贡献。

（1）大力提倡、宣传、推广使用火器

明代虽在成祖时就建立"神机营"，"专习枪炮"，但到了万历时期，在

赵士桢

赵士桢是明代军事发明家、火器研制专家，一生中研制改进多种火器，且善书能诗。其著作有《神器谱》《神器杂说》《神器谱或问》《防虏车铳议》等。

火器的制造和使用方面是个什么样的局面呢？据赵士桢的观察，一方面是"今日用兵，全无制敌之具，尚然不肯讲求"（《神器谱或问》）。另一方面是"每令庸工造之，庸将主之，庸兵习之。造者不精其制，主者不究其用，习者不臻其妙"（《神器谱》）。因而使得将士们感到"终不服习，视此若赘疣"（同上），甚至"反咎铳为不便不利，甘弃以资敌，我则宁受其害"（同上），"行伍之间，自百夫长以上，俱各右弓矢而遗神器"（同上），轻视火器的作用。针对这种情况，赵士桢采用上奏折、著书立说等方式，制造舆论，广引古今中外战例，极陈火器之利，驳斥种种陈腐落后的观念，慷慨陈词，大声疾呼，以期引起朝野的重视。他还针对当时一般武人"器不知制，制未必精，艺不肯习，习未必攻"，以及"知之者既深藏固秘，不知者又加诋毁"等情况，着意进行火器知识的普及教育。他编写的《神器谱或问》《杂说》等材料，都尽量做到深入浅出、图文并茂、通俗易懂，便于广大士兵阅读，表现了一个爱国科学家的热诚心肠和豁达态度。赵士桢还亲自进行火器使用的教习，他对其家人的训练，坚持了一年以上。铳手的缺乏也是当时一种严重的情况。后来甚至要到国外去招募。此外，他对火器的管理制度也十分注意，大力宣传外国的管理办法。这些做法都是很有见地的。

（2）多方调查，大力搜求各种火器图式

据现存的赵氏著作统计，列有火器图式 24 种，其中有几种是他自己的发明，大部分是他多年不懈搜罗所得。例如朵思麻寄居北京四十余年，已是七十四岁高龄，从来没有人向他请教火器问题，唯独赵士桢经人辗转介绍，才得到他的"噜密铳"实物，学会了使用方法。"国初三眼枪"和"国初双头枪"两种样式，还是功德寺前的一位百岁老人传授给他的，足见赵士桢访求火器之热忱。据《续神器谱》王同轨序说，赵氏"搜得噜密铳、水西洋鸟铳，皆中国所未传，武库所未有者"。可见赵士桢的搜罗工作，不但有益于当时的武装配备，而且为我国兵器史保存了许多珍贵的资料。

（3）改进旧火器，发明新火器

赵士桢主要是着眼于提高火器的发射速率，并取得了重要的成果。首先，他在枪上使用了"子铳"。虽然在明正德末年（1517）的葡萄牙炮（佛朗机）就带有"子铳"，但迄至赵士桢的时候，步枪都还临时装药入弹，很不方便，甚至时有"临阵装药不及，铳手反为敌乘"的情况。"子铳"的使用避免了这种弊病。赵士桢的"子铳"，"长六寸，重十两许，前有圆小嘴，后有扁方筒，筒中有眼，受梢钉，防前撞、后坐。药二钱五分，弹二钱"（《神器谱》）。他发明的"掣电铳"，就是"前用溜筒，后着子铳……放毕一铳，拨之即起。其子铳铅弹俱于临阵之先，装饱停妥临时流水打放"（同上）。看来，这种"子铳"很像今天的装有弹头和火药的子弹，配用在步枪上无疑可以大大提高发射速率。

他发明的"迅雷铳"，采用另一方法提高了发射速率。在一根木杆上装置五支枪筒，共同使用一个"发机"，五支枪筒里都预先装好弹药，打放一支，旋转72度可打放另一支。这在发射原理上和现代左轮枪有点相似。他还别出心裁地在"中杆筒内着火球一块，五铳放毕，点火出球，以便乘势前进"（同上）。这是造成声势以助士兵冲锋陷阵。这在当时堪称是先进武器。万历二十八年（1600），温编作《利器解》就收录了"迅雷铳"。在此基础上，赵士桢还发明了两种连发武器，统称为"战酣连发并备敌冲突铳"。其中之一叫"连铳"。由于没有文字说明，难于揣测其详。但从其图式及名称来看，可能是八个"迅雷铳"组合在"当铳板"上，各自打放起来，形成密集火力。所以赵士桢称其可以"遇众喷击，缘冲齐发，摧锋殿后"（《防虏车铳议》）。这就有点像今天的机关枪了。

其次，赵士桢为了提高火器命中率，除了对照门、照星等部件作了改进以外，还发明了几件火器发射架。其中最重要的是"火箭溜"，原图旁有注文云："用此器则火箭永无斜冲逆走之患"。可见这是一个使火箭飞行稳定的发射装置。它实际上是一条滑槽，火箭循槽滑出自不致歪斜了。在此之前，火箭的发射没有固定的支架，随便靠在一个带枝杈的物体上，命中率很低。"火箭溜"的发明使得火箭发射有了固定的方式，命中率大大提高，这是我国火箭发展史上的一座里程碑。

对于火器局部性能的改进，赵士桢也做了许多工作。据当时人郭子章的记载，赵士桢曾根据朵思麻所藏的枪型而加"润色之"，"置机床内，拨之则前，火燃自回。如遇阴雨，用铜片作瓦覆之"，成了当时"最远、最毒"的一种枪型。他的"三长铳"，"后尾小环钩着鞬带，负之肩上，即穷日跋涉，亦不觉其累身劳动"，便于携带，利于行军。他的"九头鸟"特别适于夜战，"翼虎铳"则以"体短，可以藏匿"见长。由于赵士桢收集的火器图式多，他见识广、善于采用最新技术，又能从实际出发，所以研制出来的火器性能精良。例如他的"震叠铳"为上下双筒，其筒可以按目的物之远近而调节；"鹰扬炮"装有"水溜"，即采用水冷却装置。其精良程度"有佛郎机之便。而准则过之；有大鸟铳之准，而便则过之。对垒之际，敌一举放，我已三四发弹"（《续神器谱》）。把它装到车上，其威力足可和当时的重武器"大将军"相当，而其机动性则大大超过。据说在战场上，"倭见我兵举铳，辄伏地上"。真使敌人见之丧胆。

赵士桢对于火器和冷兵器的结合，也有很多创造，其"辅车士卒火器"十种，大多就是结合冷兵器的火器。他的"迅雷铳"打放完毕可以拆卸，其牌和斧"作同营铳兵兵器"，铳管还可"当短枪戳"。他的"翼虎"和"奇胜"等铳，都是多筒并排，有一定的宽度，在格斗中可作盾牌。

除了火器以外，赵士桢对于战车和防御器具的设计、战阵的研究、火药的制造等方面，都有相当的造诣。由于他的著作，"以关军事，多有慎密，不详载、不明言者以致不获兹技之大规"，很是可惜。不过，从赵氏研制火器的活动中，已经可以看出他的科学技术知识是很广博的，不仅对于火器技术有深湛的造诣，而且在机械技术、化学工艺等方面也有一定的素养，是明代不可多得的科学技术人才。

（三）黄成与《髹饰录》

1. 黄成生平

黄成，号大成，新安平沙人，是隆庆（1567—1572）前后的一位名漆工。他的著作总结了前人和他自己的经验，较全面地叙述了有关髹饰的各个方面。此书在天启五年（1625）又经嘉兴西塘的杨明（号清仲）为他逐条加注，并撰写了序言。西塘又名斜塘，是元、明两朝制漆名家彭君宝、张成、杨茂、张德刚的家乡。杨明可能是杨

嘉兴西塘

西塘镇位于浙江省嘉兴市嘉善县，江浙沪三地交界处。西塘被誉为"生活着的千年古镇"，已被列入世界历史文化遗产预备名单，是中国首批历史文化名镇。

茂的后裔，也精通漆工技法。《髹饰录》经过杨明的注释，内容就更加翔实了。

《髹饰录》虽是我国现存唯一的古代漆工专著，但三四百年来只有一部抄本保存在日本。直到1927年才经朱启钤先生刊刻行世。

《髹饰录》分乾、坤两集，共18章，186条。《髹饰录》的内容分两大类：第一、二、十七、十八等章讲制造方法；第三至第十六章讲漆器的分类及各类中的不同品种，有时也因叙述品种而涉及它们的做法。

2.《髹饰录》的学术价值

《髹饰录》是一部有价值而应当受到重视的古籍。据王世襄先生研究，其价值体现在：

（1）是研究漆工史的重要文献

研究明代漆工艺，《髹饰录》的重要性是无可比拟的，就是对于探索更早的漆工史，也有重大的参考价值。例如关于剔红，黄成说："唐制多印板刻平锦朱色，雕法古拙可赏；复有陷地黄锦者。宋元之制，藏锋清楚，隐起圆滑，纤细精致。"杨明也说唐代的剔红"刀法快利，非后人所能及，陷地黄锦者，其锦多似细钩云，与宋元以来之剔法大异也"。由于唐代剔红现在还缺少实例，两家的描述就为我们提供了宝贵的材料。又如螺钿条中讲到"壳片古者厚而今者渐薄也"，同为文献应证。

（2）为继承传统漆工艺，推陈出新，提供了宝贵材料

该书第一章讲到原料、工具、设备，虽然文字隐晦，还是能从中获得许多古代漆工知识。第二章专论忌病，是按漆器的品种或制造过程排列在一起的。杨明的注又进一步解释了每一忌病的原因。这样就使人明白哪一种做法容易发生哪一种毛病，因而更能帮助我们理解。最为切实简明的是第十七章，有条不紊地叙述了由捲榡到糙漆六个生产过程。各

种漆器不问最后文饰如何，都必须经过这几道工序。这些都是漆工必须掌握的基本知识，也是继承传统应当重视的法则。

（3）为髹饰工艺提出了比较合理的分类

《髹饰录》讲到的漆器品种虽甚繁多，但是阅读起来并不觉得庞杂纷乱，相反地却不难得到一个比较系统的概念。这不能不归功于黄成的分类。本书是按漆器的特征来分门别类的。如"质色"门只收单纯一色不加文饰的漆器，"阳识"门都是用稠漆或漆灰堆成花纹的漆器等等。每门中各个品种的先后排列也体现了一定的逻辑性。这样就使人容易理解漆工的整个体系，可以由纲及目地找到所属的各个品种。仅仅这一比较合理的分类，黄成已为漆工研究者开辟了方便的途径。

（4）为漆器定名提供了比较可靠的依据

有的博物馆工作者谈到过如下的体会，即为古代漆器编目，往往感到定名称有困难。如沿用过去古玩业的旧称，既嫌笼统，不能表明其特点，又不免众说纷纭，莫衷一是。及待查阅了《髹饰录》，就找到了比较可靠的定名依据。

《髹饰录》的价值除上述几点之外，它还强调要有严肃认真的工作态度，反对粗制滥造、违反操作规程，反对造假古董用以牟利欺人，如仿古器，有款可以照摹，但应另加一款，曰："某姓名仿造"。

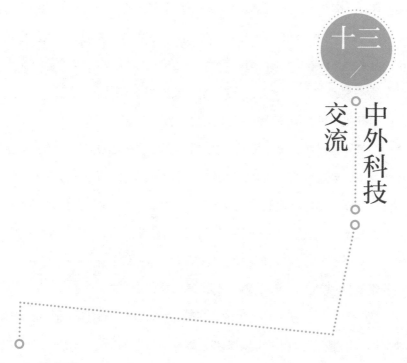

（一）天文学

1. 托勒密天文学

早期来华耶稣会士中有人曾在普及读物中宣传过由同心叠套水晶球组成的地心宇宙体系，但那实际上并非托勒密的天文学说，在中国天文学界的影响也很小。直到汤若望（1592—1666）等四位耶稣会士先后在徐光启、李天经主持下编撰了《崇祯历书》（1629—1634）其中才真正介绍了大量托勒密天文学的内容。

《崇祯历书》共为四部西方天文学名著作了提要，依次为：托勒密《至大论》、哥白尼《天体运行论》、第谷《新编天文学初阶》（1602）和《彗星解》（1588）。其中《至大论》提要所占篇幅独大，比后三书提要的总和还多一倍左右。

江晓原先生认为,《崇祯历书》对《至大论》中内容的大量引用,突出表现在观测记录和示意图两个方面。《至大论》中载有托勒密本人在公元124—141年间进行的各种观测记录,还有许多前人的观测记录也赖此书得以保存。《崇祯历书》引用这些记录达27项之多。

除了观测记录与示意图之外,《崇祯历书》还大量采用《至大论》中的推导和论述,但多为编译性质,并非严格地译自原文。

关于岁差常数,书中提到:"多禄某见恒星距赤游移不一,先以上古所测星之赤道距度、黄道距度及其两道相距度依三角形法测得其黄道经度;后以自测之赤道距度如前求所当之黄道经度;以两距时之经度差得中积之本行。……约得一百余年而行一度,此多禄某所定为恒星本行也。"应该指出,这种发现岁差的途径与中国古代的途径——注意冬至点的移动——完全不同。这在当时,是颇有启发性的。

关于月球周日视差,书中详述托勒密如何比较由黄经、黄纬及当地地理纬度求得的月地平高度和实测月地平高度,而确定月球周日地平视差为1°8′。

关于地一日、地一月距离和日、月直径及有关问题,书中提到:"此在三圜说有各种法,今用者古多禄某所定也。……今时所用,大都哥白尼之率也。"这是说,采用托勒密的处理方法,但数值则引用哥白尼的结果。这些推导方法和所得的值不仅在中国传统天文学中从未有过,而且在当时的中国学术界还有更为重大的意义。明末耶稣会士传入中国的西方地圆说,成为当时中国学术界热烈争论的焦点之一。这种地圆说包括两个要点:一是地为球形,二是地球的大小与"天"相比非常之小。因此这段介绍可以说是明末输入的西方地圆说中一个重要组成部分。它由于能够演绎出正确的、经得起实测检验的结果(特别是关于地影之长的讨论,与预报交食有密切关系),而有力地支持了作为前提的西方地圆概念。

2. 第谷天文工作

《崇祯历书》中大量介绍并采用第谷天文工作，对第谷其人、其天文著作、天文学术活动、其作为天文学家之地位等亦有介绍及评价。

关于天文著作：

《崇祯历书》中《历法西传》云"第谷……著书计六卷"，并逐卷介绍其内容，文长不录。按其内容，所言书即第谷主要著作《新编天文学初阶》。介绍其第五卷时特别指出"第五卷解其时新见大客星，计十二章"，并逐章简介。又云"又第谷《彗星解》十卷"，并介绍内容，文长仍不录。此即1588年《论新天象》（De Mundi）一书。第谷宇宙模型即载是书中。

《测量全义》卷十云："近四十年前，西史第谷殚精星历……尝自造历器，解其造法用法，著书一卷。"按此即第谷1598年《天文仪器》一书。

关于宇宙体系：

《五纬历指》卷一中介绍托勒密及第谷宇宙体系。对后者特指出如下三端：地球为宇宙之心，日绕地而行，五星以日为心而行；各星轨道可相入相通，而非实体；火星冲日时离地较日为近。并绘有《七政序次新图》，与第谷《论新天象》原图完全一样，只将七政拉丁名称改为汉字。

《月离历指》卷三云，第谷确定地日距离为1150Re。又《交食历指》卷三云，第谷测得太阳远地点距地1182Re。《五纬历指》卷九据第谷体系得出五星距地平均距离，即"中距"，又给出五星在此距离上之视直径。上列数据皆载于第谷书中，除火星视径原书作 $1' \ 40''$ 外，其余皆完全一致。注意金水之中距即太阳中距，按理火木土三星亦当如此，而竟不同，此为第谷行星理论不完备的现象之一。第谷如何求得上三星中距,《崇祯历书》中未加说明。

《恒星历指》卷三中指出,恒星所在天球(以地球为心)之半径约为 14000Re,土星轨道与恒星天球之间不应有广袤空间。而按哥白尼之说,这一空间极为广袤,地日距离与之相比,将微不足道;而第谷则将此视为学说的困难之一。《崇祯历书》在此亦采第谷观点,谓"此中空界,安所用之"。

关于行星运动理论:

《五纬历指》卷一云:"其三第谷均圈新法,不用不同心圈及均圈,即用两小轮推初均数(星本行之均数)为便。"又述行星运动计算模型凡四种,皆有图示,依次为"多禄某法""哥白尼法""第谷法""第谷及哥白尼总法"。据研究,此法主要依据第谷著作推得。

《五纬历指》卷二述哥白尼测定"土星最高及两心差"方法,并云对其所得之值,"近万历年间第谷及其门人再测再算,所得之数不远"。

《五纬历指》卷三述"第谷及其门人"用哥白尼测算木星之法重新测算,并给出测算过程之详细表。使用三次木星观测,惜未给出观测日期。又云:"第谷及其门人用本图及用右八测而试之。"

《五纬历指》卷四给出火星计算模型,其中二值正是"第谷所用之率"。并以第谷之火星观测为例演算。

《五纬历指》卷五引金星望远镜观测为第谷宇宙模型之征,绘图示之。

《五纬历指》卷六中载第谷 1585 年测定当时水星远地点黄经为 240° 31'。

《五纬历指》卷七载第谷测定三星最大黄纬以及三星长交点黄经并载第谷 1593 年 8 月 10 日对太阳、火星位置之推算。又介绍金水二星视运动对黄道之偏离,谓"上所定数皆从实测,乃第谷及其门人所说"。

关于月运动及交食：

《月离历指》卷一云第谷月运动模型中除本轮、次轮外还有"又次轮"，只是"此之为数微渺难分，其于历法，未关损益，故无暇及也"。

卷二述第谷发现黄白交点逆行非匀速，唯朔、望时恰在平均位置，并测定黄白交角在 4° 58′ 30″—5° 17′ 30″ 之间变化。

卷二又云，月地平视差在 56′ 21″—66′ 6″ 之间，按此正为第谷所得之值。

卷三中载有第谷所测日、月视径之值。

《交食历指》卷二采用第谷推算月黄经之另一法，称为"密求实会第谷法"。

《交食历指》卷七述第谷之月食观测："第谷用自鸣钟或刻漏，将浑天、纪限等仪屡测太阴余光边距恒星若干，或太阴恒星至正午俱以刻漏识之。"

关于蒙气差：

《日躔历指》中述测定蒙气差之法，先测太阳地平经度及视地平高度，再由观测点地理纬度、太阳地平经度、太阳赤纬求解天文三角形，求出太阳真地平高度，蒙气差即太阳视地平高度与太阳真地平高度之差。此正为第谷所用之法。又提出测定夏至前后之太阳赤纬以定黄赤交角，因夏至时太阳近天顶，"蒙气甚微，不入算"。按此亦第谷之说。

关于观测资料，《崇祯历书》中载第谷观测资料颇多：

在为求恒星赤道坐标所作观测方面，《恒星历指》卷一云："万历十年壬午西二月二十六日申初二刻，第谷用纪限大仪……"

在恒星观测方面，《恒星历指》卷一载第谷 1585 年对室女 α、天鹰 α、白羊 α、双子 β 四星所作观测。

有关 1572 年超新星，《交食历指》卷五："隆庆六年壬申，有客星见王良北。西史第谷以视差求其距地之远，立数法试之。"

在交食方面，《月离历指》卷四载第谷二十一次月食推算及实测结果，称为"为今撰月离表新法之原"。

在行星观测方面，《五纬历指》卷二载第谷为核验其土星运动模型而作之土星与太阳位置观测两次。卷三载有第谷五次木星冲日观测。卷四载"第谷及其门人"十四次火星冲日观测。卷五载"第谷及其门人"九次金星观测，谓"因密测详审，可为金星诸行之元"。卷六载十次水星观测，云是"第谷及其门人所记"，并且"比古测精细，因用为新历之本"。

关于天文数据：

书中引用第谷所定天文数据甚多，多未指明为第谷所定，兹考定列出如次：回归年长度、朔望月长度、黄赤交角、太阳远地点周年进动、太阳远地点黄经、太阳轨道偏心率、太阳最大中心差、太阳地平视差。

关于天文仪器：

《测量全义》卷十云："近四十年前，西史第谷殚精星历……所用仪器甚多，皆酌量古法，精加研审，多所创造，出人意表。体制极大，分限极精，勘验极确。尝自选历器，解其造法用法，著书一卷……"今略叙其器目如左："测高象限计六式，测高纪限计二式，三直游仪计二式，地平经纬仪计二式，距离仪计三式，黄赤道经纬度仪计四式，浑球大仪计一式。"

是卷又介绍各种天文仪器，皆有图及使用说明，计有：新法测高仪六式、新法地平经纬仪一式、新法距离仪三式、新法赤道经纬仪二式、新法黄道经纬仪一式。

3. 伽利略的工作

崇祯十三年（1640），汤若望撰《历法西传》，说：

第谷没后，望远镜出，天象微渺，尽著于是。有加利勒阿，于三十年前创有新图，发千古星学之所未发，著书一部。

严敦杰先生认为加利勒阿即伽利略，著书一部即《星际使者》。

伽利略《星际使者》一书内容，最早介绍入我国者实首见于阳玛诺撰《天问略》（1615）卷末，其文为：

凡右诸论，大约则据肉目所及测而已矣。第肉目之力劣短，曷能穷尽天上微妙理之万一耶？近世西洋精于历法一名士，务测日月星辰奥理而衰其目力尪羸，则造创一巧器以助之。持此器观六十里远一尺大之物，明视之，无异在目前也。持之观月，则千倍大于常。观金星大似月，其光亦或消或长，无异于月轮也。观土星则其形如图，圆似鸡卵，两侧疑继有两小星，其或于本星联体否，不可明测也。观木星其四围恒有四小星，周行甚疾。或此东而彼西，或此西而彼东，或俱东俱西。但其行动与二十八突宿导，此星必居七政之内别一星也。观列宿之天则其中小星更多稠密，故其体光显相连若白练然，即今所谓天河。待此器至中国之日，而后详言其妙用也。

"近世西洋精于历法一名士"即指伽利略。《天问略》的写成后于伽氏原著只有五年。《天问略》乃简略言之，伽氏《星际使者》一书之介绍，其详则见于《崇祯历书》，荟萃《崇祯历书》各卷内有关伽氏此书之内容，不啻为《星际使者》最早的中文本。

4. 开普勒天体引力思想

天体引力思想的起源，至少可以追溯到英国的吉尔伯特（1540—1603）。不过他的主要目的倒不是为了解决行星运动的物理机制。1600年他发表了著名的《论磁石》一书，指出地球本身就是一个大磁体，并试图用磁力来解释地球运动。由于他认识到磁力可以从磁体向外延伸，而地球又是一个磁体，因而他认为地球的磁力也会向空间延伸，进而设想别的天体也有磁力。这可以说是天体引力思想的萌芽了。

吉尔伯特的上述思想给开普勒以极大的启发。在 1609 年发表的《新天文学》中，他认为行星的椭圆轨道是太阳和行星之间的"拟磁力"相互作用的结果。在 1618—1621 年间出版的三卷本《哥白尼天文学概要》中他的磁引力之说又有进一步发展。他认为太阳和行星皆为巨大磁体，太阳的一个磁极位于其中心，另一个则布满表面，而行星的磁轴则和自转轴重合，由于磁体间同性相斥，异性相吸，故随着太阳的自转，就引着行星向东公转。在开普勒手里，天体引力思想已经和行星运动的物理机制问题紧密结合在一起了。

江晓原先生通过认真研究认为，开普勒用磁力来解释行星运动的学说在《崇祯历书》中被介绍到中国。

《崇祯历书》中《五纬历指》九卷专门介绍行星运动理论。卷一第七节中云："又曰：太阳于诸星如磁石于铁，不得不顺其行。"

《崇祯历书》凡 100 余卷，可谓卷帙浩繁；这百余卷中只有这一句论及了行星运行的物理机制，也许人们会觉得，这样的片言只语，大概很难被中国天文学家们注意到，更不用说产生什么影响了。但是实际情况并非如此。中国天文学家们不仅没有在浩繁的百余卷《崇祯历书》中忽略了这句话，而且还在这句话的启发下作了不少进一步的研究和设想。

5.《赤道南北两总星图》

在中国第一历史档案馆里保存着一份明末徐光启主持测绘的星图。卢央先生等对此星图进行了细致的研究。这份星图的形制很特别，全份星图共分成八条条幅。其中两幅主要的圆形赤道南、北星图各占三条幅。另外还有一条主要是徐光启题的《赤道南北两总星图叙》（以下简称《叙》）；一条主要是德国耶稣会传教士汤若望撰的《赤道南北两总星图说》（以下简称《说》）。

这份星图是我国目前所见传世最早的、包括有南极区在内的大型全天星图。它继承了我国古代星图的内容，又吸收了当时欧洲天文学的成果，因而具有自己的特色，并且成为以后清代星图绘制的先声。这是我国星图史上又一件重要的文物。

这份星图绘于何时？无论在徐光启的《叙》或是汤若望的《说》中都没有提到。据研究它完成于崇祯七年（1634）七月。

徐光启星图的主图是两幅圆形的赤道南和赤道北星图。表示星空的画面直径约157.8厘米。它们的最外范围就是赤道。星图之外有五道表示各种刻度分划的圈，这五道圈的总宽为6.1厘米。因此，整个主图的直径约为170.0厘米。

上述五道圈的最外一道标着二十四节气和十二宫名称。所谓十二宫，却是借用我国传统的十二次和十二辰的名称。例如，"星纪丑宫""玄枵子宫"，等等。但是，我国传统的十二次是以中气为中点的。例如，冬至是星纪次的中点，大寒是玄枵次的中点，等等。而这个星图则参考欧洲的办法，依照源于古巴比伦的黄道十二宫制度，以冬至为星纪宫的起点，而星纪宫的中点则成了小寒，如此等等。另外，这里所谓的"冬至""大寒"等也不是真正黄道上的冬至点、大寒点等，而只是赤道上的12个均多分点而已。

最中间的一道圈是把整个天赤道从春分点开始分成360个分格，每格相间涂成黑色和淡红色，以资区别。其外一道圈则标出分度圈上的度数。从春分点开始每隔十格标出一个分划度数，如"一十度""二十度"，等等。

最内一道圈标的是二十八宿及其距度数。把这些距度数总加起来就可得知，它的分划是把整个赤道分成 $365\frac{1}{4}$ 度，每度则分成 100 分。最内第二圈则从每个宿的距星开始，把该宿的距度分划成度。这显然是为了适应中国传统的量度入宿度的要求。

赤道南和赤道北两幅星图的中心都画有一个直径约 2 厘米的小圈，内中注明为"赤极"。它的中心就是天北极和天南极。"赤极"小圈之外又有一个以赤极心为中心，直径为 25.5 厘米的圈。它们是我国传统星图中的常显圈（北天）和常隐圈（南天）。按图上的标尺，常显圈、常隐圈的半径是 36°。

在常显圈（或常隐圈）和赤道之间有 29 条直线。其中一条直引到"赤极"小圈。其他二十八条则只引到常显圈（或常隐圈）为止，但它的延长线也是集中到赤极中心的。这二十八道直线表示通过二十八宿距星的赤经线。那一条直引到赤极的直线上划有分划。从赤道开始起算到赤极中心为九十。这是用来量度图上各点赤纬的一条标尺线。它的地位是在经度 225° 的地方。套用二十四节气的名称则这是"立冬"。

在常显圈（或常隐圈）范围内还有 个和"赤极"小圈相等的小圈，内中注字是"黄极"。"黄极"中心和"赤极"中心之间的距离为 16.5 厘米。这"黄极"中心当然就表示天球上黄道极的位置。从黄极引出 12 根线条。其中引向赤极和背离赤极的那两条都是直线。其他则都是弧线。线都引到赤道为止。它们表示 12 条黄经线，每条都通过黄道十二宫的起点。

从春分点到秋分点之间画有一条弧线，弧凸向与黄极相反的方向，线上也画有分划，这条弧线就是黄道。黄道上的分划分成真正的十二宫，每宫三十小格，一格表示黄经 1°。由于投影的关系，黄道上的这些分划是不均匀的。

此外，在这两幅图面上，都贯有一条很宽的白带，它的一端都分成两个叉枝。这两条带就是银河。带中除了画有星外，还布满了均匀的黑点，这表示，银河是由无数星星组成的。

星图上的星画成大小不等的圆面。星和星之间有的用黄色直线联结起来。这表示这几个星是一个星组，也就是我国传统所称的星官。凡我国古代已经组合、命名了的星官，就沿用这些组合，也用黄色在图上写出该星官的名称。这些星官的星数和组合，与我国古代的星图、星表大体相合，但也有不少参差出入。凡我国古代没有组合、命名的恒星，则没有联线联结，而且图上不注名字。不过南极附近的星例外。因为那块天区我国中原地区看不见，所以没有传统的星官组合和命名。这时就采用欧洲天文学上的组合法，并译出西方的星座名。

星的圆面大小表示星的亮度，共分六等。另外有一种被古人称为"气"的天体（实际是一种星团或星云），图上用圆外套一个带光芒的圈来表示。至于目视可见的大星云，如大、小麦哲伦云，则画成白色的不规则形状。

观看图上的图例，各等星画的都是圆圈，而且其中画有不同形状的多角星形；而气则画成一个圈。这些都和现在图上所见的完全不同。这是因为，图例中的符号、字样都是原来木刻印刷的底图所原有的。而星图本身则涂上了颜色。例如，天空部分涂了颇厚的一层蓝色，而星星则涂成金色。在涂金的底下抹有一层打底的涂料。越是大的星，底料也涂得越厚。这些涂料因为年深日久，有的已经干裂脱落。从脱落处看到了底下的本来面目，原来正是和图例上所画的形状一致的。这证明了，这份星图是由一份木刻印刷的图上色而成的。

徐光启的《叙》和汤若望的《说》中都提到星图的绘制是有星表依据的。这表当然是指徐光启于崇祯四年（1631）八月进呈的《恒星历表》。这份表在明末清初刊刻的《崇祯历书》（或称《西洋新法历书》）中已经收入，称为《恒星表》。把这份星图和这份星表相对比后，发现它们基本上相合的。

除了主图之外，这份星图上还有许多幅附图。

在两幅主图之间的上部空缺处画有一幅赤道星图；下部空缺处则有一幅黄道星图。这两幅图都是圆形星图。各以北赤极和北黄极为中心，赤道和黄道为基本大圆。星空最外圆为南赤纬 23.5° 和南黄纬 23.5° 的纬度圈。这两幅图的线直径均为 38.5 厘米。它们的两边都附有图说。

在《叙》文条幅的左边有三幅分别为岁星、荧惑、太白"行天一周迟留伏逆诸行经图"。在赤道北总星图的右边上、下方各有填星和辰星"行天一周迟留伏逆诸行经图"。在赤道南总星图的左方上、下有填星、辰星的"纬图"。在《说》文条幅的右方则有三幅岁星、荧惑、太白的"纬图"。

所谓"行天一周迟留伏逆诸行经图"，那是按小轮体系就各行星画出的轨迹图。所谓"纬图"，则是在以黄道为基本圆的圆形坐标图上画出的行星轨迹图。无论经图或纬图，都只表示行星的行度，而不是描画在天空中实际所见的行星轨迹。

在《叙》文条幅左边还有两幅仪器图，和行星经图相间隔。这是黄道经纬仪图和地平经纬仪图。在《说》文条幅右边的相应地位则有赤道经纬仪图和纪限仪图。四幅仪器图都附有图说。

6. 望远镜的传入、仿制与研究

望远镜是明清时期耶稣会士叩开中国大门的一块重要的敲门砖。

林文照先生认为，中国最早提到望远镜的历史文献是 1615 年刊印的、由葡萄牙来华耶稣会士阳玛诺（1574—1659，1610 年入华）所著的《天问略》。该书最后部分在提到人的"肉目之力劣短"之后写道：

"近世西洋精于历法一名士，务测日月星辰奥理而哀其目力尪羸，则造创一巧器以助之。"这里的"巧器"就是望远镜，"精于历法一名士"指的是意大利科学家伽利略（1564—1642），因该书接着写道："持此器观六十里远一尺大之物，明视之，无异在目前也。持之观月，则千倍

望远镜

望远镜又称为"千里镜"，是一种利用透镜或反射镜以及其他光学器件观测遥远物体的光学仪器。

大于常。观金星，大似月，其光亦或消或长，无异于月轮也。观土星，则其形……圆似鸡卵，两侧继有两小星，其或于本星联体否，不可明测也。观木星，其四周恒有四小星，周行甚疾，或此东彼西，或此西而彼东，或俱东俱西，但其行动与二十八宿甚异，此星必居七政之内别一星也。观列宿之天，则其中小星更多稠密，故其体光显相连若白练然，即今所谓天河者。"以望远镜观察星空，是伽利略于1609至1610年首先进行的。按欧洲望远镜的创制活动始于16世纪70—80年代。当时意大利、英国等地的眼镜工匠为了调配合适的眼镜，曾尝试把一个凸透镜和一个凹透镜组合起来，发现这种组合会使远处的物体变近、变大。但他们并未把这些透镜的相对位置固定起来，制成可供观察的望远镜。望远镜的真正发明者是荷兰米德尔堡的眼镜工匠利伯休。他于1608年用水晶透镜首创了折射望远镜。约十个月后，1609年伽利略依据传闻和他对于折射光学的已有知识，很快也创制出了望远镜，并第一次把它用于检视星空，发现了月球的环形山、金星的圆缺、木星的卫星和太阳黑子等天文现象。阳玛诺所述的内容即是伽利略用望远镜检视星际的部分情形。这就是说，望远镜之传入中国，从1609年伽利略的发明至1615年《天问略》的刊印，其间仅经过六年。

但《天问略》最后说："待此器至中国之日，而后详言其妙用也。"可见当时望远镜的实物尚未传进来。

天启六年（1626）德国来华传教士汤若望（1591—1666，1622年来华）著《远镜说》（实是与其学生、中国钦天监官员李祖白合译的）。这是中国第一部介绍西方望远镜知识的专著，系译自《望远镜》（Telescopio）（1618）一书。《远镜说》全书篇幅很短，大约5000字左右，附有大图多幅，扉页上绘有望远镜的外形图。该书所介绍的是伽利略式的望远镜，书中说："用玻璃制一似平非平之圆镜，曰筒口镜，即前所谓中高镜，所谓前镜也；制一小洼镜，曰靠眼镜，即前所谓中洼镜，所谓后镜也。"说明这种望远镜是由一凸一凹的透镜组成，这种式样的望远镜是伽利略在1609年发明的。《远镜说》开头说："夫远镜何昉乎？昉于大西洋天文士也。"这个"天文士"指的就是伽利略。《远镜说》指出："镜只两面，但筒可随意增加，筒筒相伸套，可以缩。又以螺丝拧住，即可上下左右。"而对于望远镜的原理，汤若望没有进行介绍，只说："须察二镜之力若何，相合若何，长短若何，比例若何。苟既知其力矣，知其合矣，长短宜而比例审矣，方能聚一物象。虽远而小者，形形色色不失本来也。"这样介绍显然过于简略、笼统，但汤若望无法进一步说明，因而只好说："造镜至巧也，用镜至变也，取不定之法于一定之中，必须面授方得了然；若但凭书，不无差谬，今亦撮其大略而已。"

望远镜的实物最早传入中国的时间可能是在天启二年（1622），携带者即系《远镜说》的作者汤若望。其后望远镜实物便断续地由西洋传教士带入中国。这些传入中国的望远镜，有的带至北京直接献给朝廷，有的则在民间流传，还有的是通过中国传至其他邻近国家。据《汤若望传》载，崇祯七年（1634）汤若望和罗雅谷曾向中国朝廷进呈由欧洲所带来的望远镜一架，以黄绸封裹，并连带镀金镜架与铜制的附件。明代西方传教士带进中国的大多是由单正透镜和单负透镜组成的伽利略式的望远镜，但也有一部分是由两个单正透镜组成的天文望远镜。天文望远镜是由德国天文学家刻卜勒（1517—1630）于1611年发明的。因伽利略式的望远镜未成实像，不能精确地定位；而刻卜勒式的望远镜则成填倒的实像，可用于天文观测，因此在当时天文观测上多是刻卜勒式的天文望远镜。

作为天文观测利器的望远镜传入中国之后，立即受到中国朝野各界的关注。朝廷组织力量，进行仿制。崇祯二年（1629）七月，徐光启奉命督修历法，随即上疏条陈修历急要事宜，其中"急用仪象"第十事为请求"装修测侯七政变食远镜三架"。这是中国提出制造望远镜之始。但是否制成、何时制成，历史文献没有直接记载。方豪认为，中国自制第一架望远镜完成于崇祯七年（1634），名曰"窥筒"，由汤若望奏闻。帝命太监卢维宁、魏国征至历局试验；汤若望并奉命督工筑台，陈设宫廷，帝亦步临观看，颇为嘉奖。此后，崇祯七年接替徐光启督修历法的李天经又上疏"请制日晷、星晷、望远镜三器"。

除了中国官方仿制望远镜外，民间也出现了制造活动。民间最早进行望远镜制造的，可能是明末苏州人薄珏。他在崇祯四年曾制造千里镜若干架，"望四五十里外如咫尺"。他把它们安置于各门铜炮之上，以侦察敌军之远近。其千里镜"镜筒两端嵌玻璃"。

（二）数学

1. 早期的数学翻译

明末，欧洲数学经耶稣会传教士之手传入我国。这些新的数学知识，吸引了我国一些求知欲旺盛的学者，他们积极地跟随耶稣会传教士学习，作了许多数学翻译工作与数学研究工作，使落后的明代数学又转入一个新的时期。

钱宝琮先生等认为，利玛窦先后与徐光启、李之藻共译了《几何原本》与《同文算指》等著作，是为欧洲数学传入我国的开始。

《几何原本》是根据德国数学家克拉维斯注的欧几里得《原本》译出，卷首题"利玛窦口译，徐光启笔受"。全书共15卷，译文只前六卷。徐光启要求全部译完它，但利玛窦却认为适可而止，无须译完。《几何原本》的翻译，从1603年便开始筹划，1606年秋开始翻译，次年五月译完前六卷。已经译出的前六卷也只是原书的拉丁文译文，至于克拉维斯的注解以及他收集的欧几里得《原本》研究者的工作，几乎全部略去。

虽然如此，《几何原本》的传入对我国数学界仍有它一定的影响。译者徐光启在"几何原本杂议"中对这部著作曾给予高度的评价，他说："此书为益，能令学理者祛其浮气，练其精心，学事者资其定法，发其巧思，故举世无一人不当学。"

利玛窦

利玛窦，意大利人，是天主教耶稣会传教士、学者。1582年被派往中国传教，在华传教28年，是天主教在中国传教的最早传教士之一。

《同文算指》主要是根据克拉维斯的《实用算术概论》（1585）与程大位的《算法统宗》（1592）编译的。这是介绍欧洲笔算的第一部著作，对后来的算术有巨大的影响。《同文算指》的内容分"前编""通编"（1613）和"别编"（未题年月）。"前编"主要论整数及分数的四则运算，其中加法、减法和乘法与分数除法和现今的运算方法基本上相同；整数除法是 15 世纪末意大利数学家应用的"削减法"，十分繁复。在这一编中还值得提出的是验算法与分数记法。验算法是印度土盘算法中由于数码随时被抹去因而要求检验结果的正确性而产生的，它在笔算中已逐渐失去作用而终被淘汰，李之藻也认为它"繁碎难用"，只是"录之备玩"而已。关于分数记法，李之藻把分母置于分线之上，分子置于分线之下，恰与我国古代筹算记法或欧洲笔算记法颠倒过来，后来学者也多盲从此法。"通编"的内容有比例（包括正比、反比和复比）、比例分配、盈不足问题、级数（包括等差级数和等比级数）、多元一次方程组、开方（包括开平方、立方与多乘方）与带从开平方等，其中多元一次方程组、开带从平方与开多乘方是克拉维斯原书所没有的。所有这些，都没有超出我国古代数学的范围。此外，"通编"还辑入《算法统宗》中的一些难题，徐光启的《勾股义》与利玛窦和徐光启合译的《测量法义》等。"别编"只有截圆弦算一节，全书似未译完，且只有抄本流传下来。

除这两本较为重要的著作以外，当时传入的数学著作尚有《圜容较义》（1608 年，题利玛窦授、李之藻演）、《测量法义》（题利玛窦口授，徐光启笔录）与《欧罗巴西镜录》（现有传抄本）。《圜容较义》是一部比较图形关系的几何学著作，其中包括多边形之间、多边形与圆之间、锥体与棱柱体之间、正多面体之间、浑圆与正多面体之间的关系。它的一般结论是：周长相同，则边长相等的正多边形面积恒大于边长不等的多边形面积；边数较多的正多边形面积恒大于边数较少的正多边形面积，故圆的面积为最大。同样可以得到，表面积相同，则球的体积最大。这些结论是由公元前 2 世纪希腊数学家季诺多鲁斯发现并为公元 3 世纪派帕司保留下来的。到 16 世纪初的欧洲，这门知识又得到进一步的发展。《圜容较义》的内容无疑是译自这类著作，它不是利玛窦与李之藻的创造。《测量法义》是一部关于陆地测量方面的数学著作，其内容没有超出我国古代勾股测量的范围，不同的是每一个结论都用《几何原本》的定理加以注释。《欧罗巴西镜录》与《同文算指》的内容相仿，并且有些题目完全一样（译文不同），疑是同出一源。

在学习与翻译欧洲数学著作的同时，我国学者也开始了初步的研究，其中留下著作的有徐光启、孙元化等。

徐光启与利玛窦译完《测量法义》（约 1607—1608）以后，接着就写出了《测量异同》与《勾股义》。在《测量异同》中，徐光启比较了中西方的测量方法，他认为我国古代的测量方法与西洋的测量方法基本上是相同的，理论的根据实际上也是一致的。他用《几何原本》的定理解释了这种一致性。《勾股义》是仿照《几何原本》的方法，企图对我国古代的勾股算术加以严格的论述。这本著作，可以表明徐光启在一定程度上已经接受了《几何原本》的逻辑推理思想。从《勾股义》序可以知道，徐光启还想给李冶的《测圆海镜》以同样的论述，但由于职务繁重而没有实现。

孙元化是徐光启的学生，他著有《几何体论》一卷、《几何用法》一卷（1608）、《泰西算要》一卷，这些都是西洋数学传入后才写的著作，可惜都已失传，内容已无可查考。

2.《崇祯历书》中的数学

崇祯二年（1629）五月初一日蚀，徐光启的西法推算较合。同年七月，礼部决定于宣武门内首善书院开设历局，命徐光启督修历法。徐光启接任后，立即保举李之藻来局工作，并推荐龙华民、邓玉函同修历法。次年，也是由于徐光启的推荐，汤若望、罗雅谷先后来局修历。1633 年徐光启去世，继由山东参政李天经主持历局工作。从历局成立时开始到 1634 年末止，历局的中心工作就是编译一部作为修改历法根据的《崇祯历书》。

《崇祯历书》卷帙浩繁，共有 137 卷。它的主要内容是介绍当时欧洲天文学家第谷的地心学说。全书分节次六目和基本五目，节次六目是将历法分成六个部分，包括日躔、恒星、月离、日月交会、五纬星、五星交会等，基本五目是指法原、法数、法算、法器、会通等。法原部分进呈的书共有 40 卷，约占全部进呈历法书的 30%，其中数学理论著作就是属于这一部分的。很明显，编译者的目的是企图给历法计算的方法建立一个有力的数学理论基础。在法数中属于数学的有三角函数表。在法器中有测量仪器及计算工具。

当时欧洲的天文学主要建立在几何学与三角学的基础上，因此《崇祯历书》中的数学知识也大多是属于几何学与三角学范畴，尤以平面三角学和球面三角学为最多。《崇祯历书》中介绍平面三角学与球面三角学的专门著作有邓玉函编的《大测》二卷和《割圆八线表》六卷，罗雅谷撰的《测量全义》十卷。

《大测》二卷（1631），邓玉函编译。从《大测》的名义看来，这部书应是球面天文学或球面三角法，但本书仅有"解义"六篇，主要说明三角八线的性质、造表方法和用表方法。关于三角测量方面，根本不谈球面三角法。本书所述的造表方法有所谓"六宗""三要法"和"二简法"。所谓"六宗"是指求内接正六边形、正四边形、正三边形、正十边形、正五边形、正十五边形的边长，也就是求 30°、45°、60°、18°、36°、12° 的正弦值。前三种的求法十分明显，后三种是引《几何原本》卷十三第九题、第十题与卷四第十六题的结果。所谓"三要法"是指：正弦与余弦的关系式、倍角公式、半角公式。《大测》书中说："有前六宗率为资，有后三要法为具，即可作大测全表。"这就是说，以"六宗"

为材料，以"三要法"为工具，就可以造成三角函数表。

此外，还有所谓"四根法"，是一些平面三角学的基本方法与定理，其中主要的有正弦定理、正切定理。

《割圆八线表》是一个有度有分的五位小数三角函数表，其中包括正弦、正切线、正割线、余弦、余切线、余割线六线，另外二线是正矢与余矢，可由余弦与正弦推得。

《测量全义》十卷，罗雅谷撰。其中，所介绍的三角学较《大测》为多。平面三角学除正弦定理与正切定理外，尚有同角的三角函数的关系、余弦定理、积化和差公式。

在《崇祯历书》中介绍圆锥曲线的著作有《测量全义》和邓玉函编的《测天约说》。《测量全义》卷六中称："截圆角体（圆锥）法有五：从其轴平分直截之，所截两平面为三角形，一也。横截之，与底平行，截面为平圆形，二也。斜截之，与边平行，截面为圭窦形（抛物线形），三也。直截之，与轴平行，截面为陶丘形（双曲线形），四也。无平行任斜截之，截面为椭圆形，五也。"

其次，《崇祯历书》还介绍了亚基米德（今译阿基米德）在《圜书》及《圆球圆柱书》中的求圆面积（包括圆周率）、椭圆面积、球体积与椭圆旋转体体积，德阿多西阿（今译西奥多修斯）在《圆球原本》中的球面几何，派帕司（今译帕普斯）的求方曲线和海伦的已知任意三角形三边长求三角形面积公式等；在《测量全义》第六卷中又介绍了《几何原本》中一些立体几何的知识，其中包括四面体、六面体、八面体、十二面体与二十面体的体积计算公式。

上述这些几何学知识，大多数是我国古代所没有的，但由于内容十分零碎，讨论也很不充分，因此对我国的数学影响不大。只有个别内容（如椭圆、多面体等）曾引起我国一些学者的研究。

传入的计算工具主要有纳白尔和伽利略的比例规。前者用作筹算，后者用作度算或尺算。

（三）地学

1.《职方外纪》

《职方外纪》的作者为意大利人耶稣会士艾儒略（1582—1649）。艾氏于1610年抵澳门，1613年抵北京，曾在上海、扬州、陕西、山西、福建等地进行传教活动，最后于清顺治六年（1649）死于福建延平。《职方外纪》是1623年他在杭州时写的，由杨廷筠作了润色加工，故书中署名为"西海艾儒略增译，东海杨廷筠汇记"。

《职方外纪》共五卷（闽本分六卷，以原卷四的《墨瓦蜡尼加总说》分出来为卷五，原卷五《四海总说》作卷六），卷之首有《五大洲总图界度解》。谢方先生经过认真研究，发现它的内容与我国传统的地理载籍完全不同，对17世纪的中国读者来说几乎都是陌生的。该书的重要意义体现在：

一、介绍了欧洲文明。《职方外纪》的重点在介绍欧洲文明，使我们具体知道在古老的辉煌的中国文化之外，还有一个同样古老而辉煌的西方文化。书中除了对文艺复兴以来迅速发展的意大利、法兰西、西班牙、葡萄牙等国的文化有详细叙述外，还对四五千年以前的埃及、巴比伦文化和希腊、罗马文化作了介绍。这些内容，对17世纪仍处于封闭状态的中国读者来说，真是既新又奇，也是难以令人相信的。但从今天看来，绝大部分都确凿可考，绝非杜撰虚构。如书中常出现的"天下七奇"和"以西把尼亚（西班牙）三奇"，在当时中国人看来，简直如海外神话，但现在已证实确有其事。"天下七奇"即古代的"世界七大奇迹"，有埃及金字塔、巴比伦空中花园、罗得斯岛铜人巨像、以弗所神庙、宙斯神像、摩索拉斯陵墓、亚历山大里亚灯塔。"以西把尼亚三奇"即西班牙瓜的亚纳河伏流、塞哥维亚输水道、红褐色花岗岩城堡。这些内容，至今历历可考。在卷二《欧逻巴总说》中，作者还重点地介绍了欧洲当时的教育制度（"建学设官之大略"），从小学、中学到大学的一整套教育制度和学习科目、考试用人制度等，都有述及。而中国则直到清末维新运动时，方开始废科举、兴学校，接受西方这套先进的教育制度和内容。作者在另外两种著作《西学发凡》和《西方答问》中，也详细谈到了西方的各种风俗制度和文化，这都是介绍西方文化的最早著作。虽然作者突出地表现了宣传基督教义和欧洲文明优越感的思想，但它确实使明末的中国人打开了眼界，使人们第一次看到世界上还有能与中国抗衡的有悠久历史和文化的西方文明。

二、介绍了地理大发现以来最新的世界地理知识。15世纪末到17世纪是欧洲向海外扩张的殖民时代，标志着这一时代的开始是世界地理的大发现。首先是哥伦布的西班牙船队越过大西洋发现了美洲，接着是葡萄牙的船队绕过非洲南部进入印度洋和来到远东，后来便是麦哲伦船队环绕世界的航行，等等。这些重要的探险和发现不但表明地球上的海洋可以连成一片，而且地球上的大陆也已基本上为人们所知晓，这些惊人的地理大发现成果都可以在《职方外纪》中得到反映。书中卷三、卷四分别对非洲（书中称"利未亚洲"）和美洲（书中称"亚墨利加州"）作了总述和分国介绍。特别对哥伦布（书中称"阁龙"）发现美洲的经过、麦哲伦（书中称"墨瓦兰"）环绕地球的航行以及西方远航海上巨大的"海舶"、到远东的航路等等，都有具体的描述。尤为令人注意的是，在卷四《亚墨利加》中，还叙述了美洲土人（印第安人）的生活状况及其文化，对南美和中美的古老的印加文化、玛雅文化都有述及。这是我国最早的关于印第安人的记载。作者虽然带着强烈的种族意识和救世主的观念，但其书为中国人展示了一个前所未闻的新世界，使当时最新的世界地理知识很快传到中国。

三、介绍了世界各地的风土人情、名胜古迹、物产珍奇。这部分有些是来自神话传说、宗教故事，有些则是确有其事，有些则至今仍是个谜；只有极少部分才是道听途说的、虚妄的。如卷一《度尔格》中关于弗尼思鸟的故事，这种不死鸟其实就是凤凰，弗尼思即 Phoenix 的音译，这是一个西方很流行的传说。又卷四《亚墨利加诸岛》中叙述百而谟达海魔的怪异现象，无法解释，历来认为荒唐。但这其实就是著名的航海禁区百慕大三角区，又称"魔鬼三角区"和"丧命地狱"，此一海域之怪异现象至今尚无合理的科学解释。又卷二《欧逻巴总说》介绍的阿利袜，即橄榄油，直至新中国成立后我国才有引进种植。《职方外纪》中所记载的怪异物产，有些甚至在明代以前我国古籍中已有记载。如卷一《如德亚》中述能治百病的西方神秘良药"的里亚加"，其实早在唐代高宗乾封二年（667）已由拂菻国遣使献于中国，当时称"底也伽"。李时珍《本草纲目》谓它以诸（或作猪）胆为主要原料，德国人夏德则谓以鸦片为主要原料，为 therioc 之译音。又卷四《孛露》中有名"拔尔撒摩"的万能香药："敷诸损伤，一昼夜肌肉复合如故，涂痘不瘢，以涂尸，千万年不朽坏。"此药唐代名"阿勃参"，在段成式《酉阳杂俎》中亦有记载，原自阿拉伯文 Afursama，希腊文略去 a，作balsam，葡萄牙文作 balsamo，故《职方外纪》中译称拔尔撒摩，《澳门志略》中则作巴尔酥麻，英语即香脂之意，而尤以南美秘鲁所出的一种高大豆科植物秘鲁胶树所产的香脂最为名贵。这些记载，古今对照，均历历可考。当然，《职方外纪》也有一些荒诞无稽的记载，如"人身羊足"、"长人善跃，一跃三丈"（卷一《鞑而靼》）、"小人国"（卷二《西北海诸岛》）、"海人"（卷五《海族》）和一些难于查考的怪异动植物，这些传闻失实之词，大都是古代和中世纪流传的传说，只占全书一小部分，是不必深究的。总之，从历史角度看，《职方外纪》的内容，基本上反映了16世纪欧洲人对世界地理的认识水平；而对中国人来说，则绝大部分都是陌生的、新鲜的。因而明末清初不少人认为"荒渺莫考""不可究诘"；由于历史条件所限，他们不可能深入探究，这是可以理解的。

2. 地图

利玛窦等人于1582年从印度来到中国澳门，1583年迁居肇庆。他们从欧洲带来的图书中，有单张的西文世界地图。据利玛窦的《入华记录》所载万历十二年（1584）在肇庆时的一段记述："各神甫以一张西文世界地图置大厅内，中国人闻所未闻。其智者欲得汉译本以研究其内容。当时利神甫已稍知汉文，于是长官（按指岭西按察副使王泮）命利氏为之，使尽译原图上之注释；且拟刊印，以布全国，而收众誉。"也有成册的西文世界地图集，见《坤舆万国全图》（1602年刻本）上在中下方的利氏自序："壬午（1582）解缆东粤，粤人士（按指王泮等）请图所过诸国，以垂不朽。彼时窦未熟汉语，虽出所携图册与其积岁札记，细绎刻梓。"这些地图，是最早传入中国的欧洲人绘制的地图，它们产生的影响相当深远。

利玛窦没有叙及他所携带的西文世界地图和地图册的详细情况。据金尼各（1577—1628）在他写的《中华传教记》中说，利玛窦于万历二十八年（1600）进献给明神宗的贡品中的那本《万国图志》，即奥尔蒂利（1527—1598）的《舆图汇编》。而利玛窦编绘的世界地图，即主要是以奥尔蒂利的世界地图为蓝本。在利氏之前，欧洲人绘制的地图尚未传入，因此可以认为奥尔蒂利的《舆图汇编》是最早传入中国的欧洲人绘制的地图。至今在中国保存有1570年和1595年出版的两种版本。

利玛窦于 1578 年由欧洲东来时，携带的一定是 1570 年的版本。至于利玛窦等人在肇庆住所置于大厅内的那张西文世界地图，作者是谁，是否也出于奥尔蒂利之手，由于该图未见流传，又缺少史料根据，就很难说了。

欧洲人绘制的地图经利玛窦传入中国后，其中的世界地图，使中国人特别感兴趣。由于文字的隔阂，中国的士大夫们，如岭西按察副使王泮、南京吏部主事吴中明和在北京的太仆寺少卿李之藻、参军李应试等，都曾邀请利玛窦译制世界地图，并先后一一刻梓。此外，利氏的图还另有木刻本三、石刻本一和手绘本若干幅。自 1584 年至 1608 年，这些版本相继问世，从而，欧洲人绘制的地图，在中国上层士大夫中已不难见到。

对于传自欧洲的世界地图，中国有识之士多持欢迎和虚心学习的态度。他们能够充分肯定西方世界地图之传入，大大丰富了中国人的地理知识，特别是对于地球、海陆分布以及五大洲的认识。例如，李之藻在他为刻《坤舆万国全图》所写的序中指出：虽然"周髀已有天地各中高外下之说；浑天仪注亦言地如鸡子中黄，孤居天内；其言各处长短不同，则元人测景二十七所，亦已明载。惟谓海水附地，共作圆形，而周圆具有生齿，颇为创闻。"对于欧洲人为何能取得这些成就，他的分析是："其国多好远游，而曹习于象纬之学；梯山航海，到处求测。"又，李应试在刻《两仪玄览图》序中也说："无论国朝二百余年，即三代以继今之父老蔑闻欧罗巴何，亦蔑闻地球何。往哲以鸡卵喻两仪，所憾言而未尽。"后来清初的地理学家刘继庄更直截了当地认为："地圆之说，直到利氏东来而始知之。"至于持怀疑和反对态度的也大有人在。例如，有人看到利玛窦带来的世界地图上所绘"世界之大，中国小而偏处一隅"，则加以"讪笑"；而对地球之说的非驳则更甚；后来清代编撰的《文献通考》评欧洲人的图籍时，仍有"所称五洲之说，语涉诞狂"等语，这些轻率的贬词对于新的地理知识的传播自然是很不利的。

曹婉如先生等认为，利玛窦译制的世界地图与他依据的蓝本不尽相同。主要不同之处有二：第一，中国的位置在利图上置于图的中央部分，而蓝本图上中国偏处东隅。有人曾谓利氏有谀媚中国之嫌。其实利氏为便于中国人了解中国与世界各国的关系，把中国置于图的中部是无可非议的，正如欧洲人所绘世界地图把欧洲置于图的中部一样。第二，利图所绘中国海岸线的轮廓以及山脉和水系等，都较蓝本地图翔实。这是因为利氏参阅了不少中国的图籍，特别是《广舆图》和《大明一统志》等。例如《广舆图》上，渤海湾和海南岛都很醒目，绘有泰山、华山、恒山、嵩山、衡山五岳，黄河源为星宿海。利图也是这样，而蓝本图上则不然。又《广舆图》上的沙漠成黑带状，于阗以东的沙漠称"大流沙"。利图上也有二沙漠带，北面的称沙漠，西面的也称"大流沙"，所不同的只是沙漠带不像《广舆图》那样涂成黑色，而是用许多小圆点表示。用小圆点表示沙漠的方法，在《中国三大干龙总览之图》上已经使用。利玛窦肯定参考过《地理人子须知》这部16世纪中国堪舆家的著作。特别是利图上只中国部分绘有沙漠，而蓝本图上的任何地方都不绘沙漠。那时中国的士大夫可能不曾把利图与其蓝本图进行过比较，他们尚不清楚二者存在的差别。尽管利图所绘中国部分还有不很精确甚至错误之处，但在当时却是远东地区最为详尽的世界地图；又随利图之传入欧洲，亦使欧洲人得以间接了解一些中国人所绘地图的情况。

3. 阿格里柯拉的《矿冶全书》

阿格里柯拉是文艺复兴时期的欧洲科学巨人。其《矿冶全书》是欧洲采矿冶金技术的经典，先后于1561、1621及1657年重印，在近两个世纪间成为欧洲技术家和科学家的必读参考书。它被视为欧洲矿冶技术方面的经典著作。除拉丁文本外，此书还有德文本（1557及1621）、意大利文本（1563）、英文本（1612）及日文本（1668）等。

《矿冶全书》共12卷，它对寻找矿脉、开采矿石、选矿，以及从矿石中冶炼金属、分离和鉴别各种金属的方法，甚至还有经营管理方面的事项，都作了详细的叙述。卷一是总论。卷二讲矿业师须知及采矿前的准备、矿脉的发现，提到地表形状、性质、水、道路、气体、产权等项。卷三为矿脉、地层龟裂及岩层。卷四叙述矿区测量及矿业师职责，提到了矿山区划。卷五包括矿脉开凿及矿区测量术。卷六讨论矿山用具及各种机械，介绍了齿轮系起重升降机、提水泵等。卷七是矿石检验法，还介绍了试金术。卷八讲矿石选择、粉碎、洗涤及焙烧方法，主要是矿石溶解、冶炼前的作业。卷九叙述矿石溶解法，介绍熔矿炉及矿石冶炼法。卷十专讲贵金属及非金属的分离法，介绍了分离和精炼银的技术。卷十一讲的是将金、银从铜、铁中分离出来的方法。卷十二为盐类、碱、明矾、矾石、硫黄、沥青及玻璃的制法。

潘吉星先生认为，从化学史角度看，卷九至卷十二最为精彩，其中对金、银、铜、铁、锡、铅、汞、锑和铋等金属的制取、提纯和分离过程都作了清晰的描述。例如，在分离金、银时，书中介绍了强水法，即将明矾、硝石等一起蒸馏而制得硝酸，再用硝酸将银溶解。分离金、铜时，是将混合物与硫黄共烧，铜与硫化合成硫化铜，从而与金分开。分离银与铜，是通过利用铅制成铅铜合金的方法来实现的。

1621年，金尼阁将7000部西洋书带到中国，这些书中除宗教性著作外，还有些是文艺复兴时的优秀科技著作。根据德国人魏特的考证，这些书中包括阿格里柯拉的《矿冶全书》。邓玉函和王徵在《奇器图说》（1627）中首先在我国介绍了阿格里柯拉的名字，并对他的成就给予高度评价。

《奇器图说》问世后 11 年，阿格里柯拉的《矿冶全书》便以《坤舆格致》为名开始被译述成中文。历局官员李天经主张开发矿藏以充国库收入和支付辽饷。为此，他和汤若望商议后，决定把一部论采矿冶金的有用的西洋书译成中文出版，再建议朝廷颁发到各地依法实施。这部书正是阿格里柯拉的《矿冶全书》。翻译工作是在历局内由李天经主持下进行的，由汤若望任翻译，还有历局见习官杨之华、黄宏宪等人参加，杨之华担任绘图。这部书当时名为《坤舆格致》。关于译述《坤舆格致》的始末详情，我们从崇祯十二年（1639）夏历七月初二日李天经奏给崇祯皇帝的《代献刍荛以裕国储疏》中可以得知。奏疏中说："微臣蒿目时难，措饷为急。每欲为生财一节，仰佐司计筹，乃一切屯田鼓铸，与夫盐法水利。在廷诸臣，言之详矣，乌容复赘。惟于修历之余，同修历远臣汤若望等，遵旨料理旁通诸务，以图报称。简有西庠《坤舆格致》一书，窥其大旨，亦属度数之学。"

　　《坤舆格致》的译述是分两个阶段进行的。第一阶段从 1638 年始至 1639 年六月，共进行一年左右，完成中文译稿前三卷，应是原著的卷一至卷八关于采矿部分。第二阶段从 1639 年七月到 1640 年六月，进行 11 个月，完成中文译稿一卷，属于冶金部分，相当于原著的卷九至卷十二。总共中文译稿共为四卷。

　　关于《坤舆格致》一书的价值及译述此书的动机，李天经在前述的崇祯十二年的奏疏中都作了详细说明。他说此书"于凡大地孕毓之精英，无不洞悉本源，阐发奥义。即矿脉有无利益，亦且探厥玄微。果能开采得宜，煎炼合法，则凡金银铜锡铅铁等类，可以充国用，亦或生财措饷之一端乎？！"又说："诚闻西国历年开采，皆有实效。而为图为说，刻有成书，故远臣携之数万里而来，非臆说也。且书中所载，皆窥山察脉，试验五金。与夫采煅有药物，冶器有图式，亦各井井有条，而为向来所未闻，亦或一道矣。”李天经在奏疏中对《坤舆格致》的高度评价，正说明阿格里柯拉的这部书在中国是受到欢迎的，此书的译述出版也适应当时社会上的实践需要。这是此书在中国流传的第二个阶段。然而当书稿奏送到朝廷时，崇祯帝只在奏疏中写“留览”二字，看来没有立刻付诸出版。

自从崇祯十三年（1640）《坤舆格致》译毕并送到朝廷以后，消息很快就传到了社会上，引起有心人的关注。明末大科学家方以智（1611—1671）在其《物理小识》卷七谈到“硇水”时提到了《坤舆格致》。他说：“崇祯庚辰（1640）进《坤舆格致》一书，言采矿分五金事，工省而利多。壬午年（1642）倪公鸿宝为大司农亦议之，而政府不从。”

值得注意的是，方以智除了在《物理小识》中提到《坤舆格致》外，还在其《钱钞议》一文中再次提到这部著作。方以智写道：“然铜铁之冶，原未尝禁，而滇黔之矿又何尝闭耶？但当令有司司之，勿轻遣内臣耳。前年远臣进《坤舆格致》一书，而刘总宪斥之。近日蒋臣献钞法，而倪大司农奏而官之。然钞造不能行者，以未先识禁银行钱，通商屯盐议，信无从立，而徒以片楮令人宝之，岂有此情理哉？”从倪元璐《请停开采疏》中得知，崇祯十六年（1643）十二月二日帝命陈演召开内阁会议。议题之一是讨论根据汤若望所进《坤舆格致》由朝廷发至各省依法开采事宜。据笔者考证，参加这次会议的除首辅陈演、户部尚书兼礼部尚书倪元璐外，还应有工部尚书范景文、吏部右侍郎兼东阁大学士李建泰、左都御史李邦华等人。阁臣倪元璐为阐明其意见，在内阁会后次日上疏陈情，他为此列举六项理由，认为强令各地不管实际情况如何均奉行开采的方针，不便执行。现在看来，其中所列六项理由，未必尽妥但总的出发点还是好的。

崇祯帝在看到倪元璐的这个奏疏后，很快就在上面作了如下朱批：

……发下《坤舆格致全书》，着地方官相酌地形，便宜采取，仍据实奏报。不得坐废实利、徒括民脂。汤若望即着赴蓟督军前传习采法并火器、水利等项。该部传饬行。钦此钦遵。

崇祯帝在上述朱批中没有完全采纳倪元璐的意见，遂即对开采方针作了最后决断，并下令户部向各省总督、巡抚发下《坤舆格致全书》，派汤若望即赴蓟辽总督军前传习采法，由户部遵旨奉行。这道朱批在拒绝倪元璐请停开采的同时，也考虑到其某些可取意见，因此倪元璐主管的户部会立即执行这一旨意。其中提到立即派汤若望"赴蓟督军前传习采法"，大概是想先搞出一个试点。因之，我们可以判断说，《坤舆格致》在崇祯十六年（1643）底至崇祯十七年（1644）初应已发到一些省份，首先是京师附近的一些省份。按常理讲，朝廷发到各地方的这部文图并茂的《坤舆格致》不应当是抄本，而应是刻本，尽管印数可能有限。这再次说明，该书在1643年底前应该就已刊出。

（四）王徵与《远西奇器图说》

王徵（1571—1644），字葵心，又字良甫，自号了一道人，陕西泾阳人。王徵七岁，就从精通"方伎、图谶、诸外家之说"的舅师张鉴学习（《来阳伯文集》卷三《贺仪昭张子举婚序》）；十五岁，就"文章骏发，立志落落，不与众伍，敦大节，肆力学问"（《张缙彦"王徵墓志"》）；二十四岁，即万历二十二年（1594），中举人；此后三十年，虽于科学有成，但于功名无份，直到天启二年（1622）才考取与文震孟同榜的第三甲二十二名进士。

王徵青少年时代就爱好钻研科学问题，"颇好奇，因思传所载化外奇胲、璇玑、指南及诸葛氏木牛流马、更枕石阵、连弩诸奇制，每欲臆仿而成之"(《两理略》自序）。所以，他常常废寝忘食，研究水力、风力机械和载重机械的原理，还亲自动手制造了一些实用价值较高的机械，即所谓"不揣固陋，妄制虹吸、鹤饮（吸水器）、轮壶、代耕（机械犁）及自转磨、自行车诸器"(《远西奇器图说》序），虽然人们见了之后无不赞口称奇，但王徵总感到不满意，因此当他读到一些传教士的书，知道当时的欧洲在科学上有许多方面比我国先进，并了解到阿基米德的一些发明创造之后，他很想从当时进入我国的耶稣会传教士那里学习一些西方的物理学知识，因此，他主动找传教士交朋友。为此，他还入教，取了"菲力浦"为教名。

王徵对科学技术一直有浓厚的兴趣和强烈的好奇心，并且有为科学而献身的精神。他为了一个发明创造，常常"累岁弥月，眠思坐想，一似痴人"(《两理略》自序）。辛勤刻苦的钻研，自然取得了可喜的科学成果。

郭永芳先生认为，王徵的《新制诸器图说》大致出版于天启六年（1626），就在这一年的冬天，王徵进京候选时，遇到了传教士龙华民（1559—1654）、邓玉函（1576—1630）、汤若望（1591—1666），他们正在候旨修历，所以王徵就与他们住在一起，朝夕讨论科学上的一些问题，并检阅了一些他们带到我国来的机械、力学书籍中的"图"，这一切很使他"心花开爽"，于是王徵请邓玉函一起翻译，邓玉函要他先学习几何学，因王徵学之有素，所以"习之数日"就能"晓其梗概"，随后邓"取诸器图说全帙分类而口授焉，余辄信笔疾书，不次不文，总期简明易晓，以便人人览阅"。不到一年，即1627年，王徵就把自己编译、整理的《远西奇器图说录最》付印出版。

《远西奇器图说》三卷，前有自序一篇，其中，值得注意的是它第一次向我国人民介绍了阿基米德（原译亚而几墨得）。

卷一，开始是绪论性质的"表性言，表德言"（亦即所谓的"内性外德"）；继之，分四节（原为第一、二卷）详细论述力学中的基本知识和原理以及与力学有关的知识，即重解、器解、力解和动解。以后又分六十一款，主要讨论地心引力、重心、各种几何图形重心的求法、稳定与重心的关系、各种物体的比重、浮力等。

卷二，阐述各种简单机械的原理与计算。分九十二款，前八款叙述简单机械的一般知识；第九至四十八款叙述杠杆（天平、等子、杠杆）的原理与计算；第四十九至七十一款讨论定滑轮、动滑轮、滑轮组及齿轮的原理与计算；七十二至九十二款讨论藤线（螺旋）和斜面的原理与计算。这两卷可以说是物理学（力学部分）的理论部分。接下去的第三卷则是应用（机械）。

卷三，为图说，凡五十四器，图后有说明。顺次如：起重图说、引重图说、转重图说、取水图说、转磨图说、解木图说、解石图说、转碓图说、书架图说、水日晷图说、代耕图说、水铳图说。

（五）《西法神机》

孙元化，字初阳，一字火东，松江府嘉定县（今上海市嘉定区）人。生于明万历九年（1581）。天资异敏，好奇略。师事上海徐光启，受西学，精火器。举万历四十年（1612）顺天乡试。天启壬戌（1622）入京。崇祯元年（1628），起武选员外郎，即迁职方郎中。袁崇焕再起督师，乞元化以自辅，改山东右参议兼饬宁前兵备。崇祯五年（1632）正月，部属孔有德反叛明朝，登州陷落，游击陈良谟、总兵官张可大战死。孙元化和副使宋光兰均被俘。但不久又被放还。朝野由是指责孙元化无能，崇祯帝下令将元化下狱，定为大辟。时朝廷首辅周延儒、阁老徐光启曾极力谋保，但均未获准。是年（1632）七月弃市。

明末孙元化著有《西法神机》，它是一部介绍西方16世纪有关火炮制造与使用方法的重要火器专著。林文照先生等对此书进行了缜密的研究。

《西法神机》全书约2万余字，分上、下两卷。上卷共有七节，即"泰西火攻总说""铸造大小战铳尺量法""铸造大小攻铳尺量法""铸造大小守铳尺量法""造西洋铜铳说""造铳车说""铳台图说"；下卷有五节，即"造铁弹法""火药库图说""炼火药总说""铳杂用宜图说""点放大小铳说"。两卷共附图三十四幅，配合图说，使内容更加形象明了。

在火铳的铸造方面，孙元化在《西法神机》中指出，作为战争利器的火铳首先要求它具有较高的防爆性能，以免点放之时骤然炸裂而伤及炮手，甚而导致战事的失败。孙元化要求在铸造火铳时，一定要使铳身质地坚固致密。"若质理粗疏，似无罅隙，而药猛火烈，立见分崩。"因此，在铸铳之时，必须对所用的铜、铁材料加以精炼。他说："工于斯者，必按火候，审成色。幼而习之，以至于老；铸百得一，即为国手。"

除了要求火铳的坚固性之外，还要求它具有击远命的威力。而以往制造火铳则常常不按工艺的要求，所造之铳往往不如式。孙元化指出，要想使制造出来的火铳真正有用，必须对制铳的全过程加强管理，使之有合理的工序和科学的法式。为此孙元化在《西法神机》一书中对制模、浇铸和镗孔等几个主要工序做了详细的阐述。

在铳铸成之后，还要对它的坚固程度进行试验。试验的方法是："用大木二，入土丈余，夹铳而固挚之"。然后"实药与弹，较常加倍，点放数旬，完固不变，则永无炸损，斯成有用之器"。当时也有用别的方法来进行检验的。如用水渗漏法检验。《明实录》载："就发回六十二具言之，中有体质俱全者二十六具；注水其内得毫无渗漏者一十四具，因无命，未敢再试"，"但工部虞衡司郎中王守履以试多作"。可见孙元化的试验方法效果较好，较为可靠。

在战、攻、守诸铳的大小尺量方面，《西法神机》把各式火铳分为三大类：战铳、攻铳和守铳。战铳为野战之用，既要远距离射击，又要灵活转战，故其铳较为细长，也较其他诸铳轻便；守铳是专为守城之用，炮弹只需迎击近城之敌，无须击远，故其铳较短小；攻铳系为攻城之用，虽只近攻，但需有较大的威力，故弹大药多，因而显得较为粗大，其长短在战铳与守铳之间。但各铳的长短、大小、厚薄都不是任意的，都必须有一定的尺寸。

对于这些战、攻、守各类火铳的大小尺量法，《西法神机》未详言其原理。而在《火攻挈要》中则作了如下的说明："西洋铸造大铳，长短、大小、厚薄尺量之制，着实慎重，未敢徒恃聪明，创意妄造，以致误事。必依一定真传，比照度数，推例其法，不以尺寸为则，只以铳口空径为则，盖谓各铳异制，尺寸不同之故也。惟铳口空径，则是就各铳论，各铳以之比例推算，则无论何铳，亦自无差误矣。"这里所谓"创意妄造，以致误事"，说的是假如各铳的长短、大小、厚薄不能合度，就会失去火器之利：长度太过，运转不便，长度过小，不能击远；厚度太甚，费料且笨，厚度不足，就有可能发生火铳炸裂的危险。而以铳口空径为则，实际上就是以火药用量大小为则，这样不仅可以有效地发挥火铳的作战能力，而且也能提高保险系数，保障安全。《火攻挈要》所谓"比照度数""比例推算"云云，究其实并无定数，因对于不同的材质，火铳的长短、大小、厚薄也应各异。因此这些尺量比例，实质是经验的积累，实践的总结。

在铳车和铳台的形制方面，书中指出，要使火铳更好地发挥射击的威力，须以铳车驾放。由于铳有战、攻、守之分，则车也应有战、攻、守之别。战，直逼前；攻，临贼地。因而战、攻之铳车利在高大，车长要比战、攻铳的铳长多出五径（五口径的距离）。又以大木为车墙，"墙凡两面，纵度如铳身长赢尺，墙端衡度如底围折半赢寸，墙末如端减半而曲垂之。周缘以铁，穴半规承铳两耳……联墙木拴三箭铁如之，贯墙面紧束铳身，毋使点放震撼。"车下安轮。欲俯仰攻，则以木垫上下垫之；欲左右攻，则转轮毂，便能随意点放。至于守铳之车，可以略小于战、攻铳之车，因为守铳用于守城，可以乘台施放，因而形制较为简单。

制造铳弹铳的威力如何，能否击远，除了铳筒的制造是否合理，火药的配制是否合适外，铁弹的制造是否得法也是至关重要的。弹的大小必须合于铳的口径，弹大则难出口，铳管易炸；弹小管宽，则药力易泄，射程近而无力，不仅枉费工料，而且还会贻误战事。只有弹的大小与铳之口径相合，才能击远而有力。因此铸弹之时要先以木弹为模，在铳管内辗转测试，须得与铳之口径恰合，才能铸造。至于由铳口径求弹之体积的数学运算，孙元化作了详细的介绍，算法本于《同文算指》《寰容较义》。《西法神机》书中列了十种铁弹，有响弹，有链弹，有分弹，有攻寨、攻墙、攻城之弹等。对这些弹的威力估计过高，如说响弹"中空迎风，其声如雷"，说链弹"可以断竖木，截坚甲，横行迅烈，不殊拉朽"等等。但在实际使用中未必有如此之效力。

在火药的炼制方面，书中指出，火药因三种主要成分（硝、磺、炭）的配制比例不同，其性能药力也各不相同，但其炼制的方法大同小异。孙元化指出：对于硫黄，须去下面黑脚，研为细末，仍水飞过，入药方不滚珠；对于炭，要用柳炭，须清明后采，取如笔管大者，去皮去节。有皮则多烟，有节则进炸。最需讲究的是硝的炼制。孙元化介绍了三种方法，这里摘录其中之一。

把已炼制好的硝、硫、炭三味研成细末，先将硫黄与柳炭调和极匀，再把硝和入，捣研成珠。硝、硫、炭三味，须按一定的比例，准确称量。捣时必须和水勤捣，大约药一斤用水一碗。孙元化指出，有的人不知修炼，不用水捣，只研细拌匀，以为得法。但一付军士推带，或步行，或跨马，终日撞筛，硝磺性重者必沉底，炭性轻者必浮面。结果初放因炭多而不响，后放因硝磺多而炸铳。

对于捣好的火药，需经试验：用木板试放，以略无渣滓，烟起色白，快且直者为妙。

在火铳的点放方面，书中提出，点放火铳时，未入药先以木棍缠鸡毛扫净铳腹。装完药、弹之后，点火不必迫近火铳以防火药纵于面目。要知弹击之远近，必须用一种器具来量度。此器状如覆矩，以铜为之，勾长尺余，股长一寸五分。以勾股交点为圆心，只作四分之一圆，圆心透窍，系之以线。线之末端有一锤，沿着四分之一圆的边，平分为十二度。使用的时候，以勾插入铳口内，与铳身平行，锤线所标的四分之一圆的度数，即是铳身所仰的高低，再测与所仰高低相对应的铳弹所能达到之远近的步数，则该铳在这一角度内所能射击之距离便确定下来了。每高一度，则铳弹所达之处要比平放更远。推至六度（合360度圆周的45度），远步乃止。高至七度，弹反而近了。把每铳铳管所仰之角度与弹所达到之步数，全都开列在每铳之下，这样，在点放之时，可以根据攻击目标的远近，调节铳管仰角高低的度数，再结合"窥远神筒"（即望远镜）的辅助远瞭，对于击远命的也就更有把握了。

《西法神机》所述西洋炮法系传自徐光启，而徐光启又得之于意大利传教士利玛窦。孙元化曾以化学之西洋炮法用于军事上，"历数战，皆以火攻取胜"。现在所传的《西法神机》，是孙元化的中表王式九所保留的副本。正本在孙元化获罪之后被他的后人饮恨焚毁。副本又相继传至金民誉、葛味荃手中。至清光绪二十八年（1902）杨恒福始把它刻印出来。

孙元化死于1632年，《西法神机》应写成于是年之前。而《火攻挈要》焦勖自序于崇祯癸未年（1643）。可见《西法神机》至少要比《火攻挈要》早十余年。

《西法神机》在史料上可与《火攻挈要》相互补充，有些内容要较《火攻挈要》为详。如"点放勾股法"所提到的测角器的形制及其使用方法，为《火攻挈要》所无。又如铳台的建制，《火攻挈要》又只寥寥数语，而《西法神机》对此则述之甚详。又如铸造战、攻、守各种铳炮的大小尺寸，《西法神机》也较《火攻挈要》详细。还有其他几处两书互有短长，可以进行补充比较。因此，《西法神机》一书具有很大的史料价值，在火器发展史和军事史上占有较为重要的地位。

十四

结语

明代是中国科技发展极其重要的时期，在这一时期不仅涌现出了一大批集大成式的科学家，如李时珍（著《本草纲目》）、宋应星（著《天工开物》）、朱载堉（著《乐律全书》）、方以智（著《物理小识》）和徐光启（著《农政全书》），而且在单科科学技术方面出现了不朽的名著，如徐心鲁《盘珠算法》、程大位《算法统宗》、黄成《髹饰录》、徐霞客《徐霞客游记》、罗洪先《广舆图》《郑和航海图》、邝璠《便民图纂》、朱橚《救荒本草》、屠本畯《闽中海错疏》、吴有性《温疫论》、杨继洲《针灸大成》、陈实功《外科正宗》和傅仁宇《眼科大全》等。

如果将科学方面与技术方面进行比较，明代技术方面所取得的成就更大一些。究其原因有四点。一是明朝自建立后，为保障国内的安定，采取了一系列"安养生息"的政策，如解放和禁用农工奴婢，使他们变成自由农户，解放了生产力；鼓励开荒、减轻赋税、兴修水利，来恢复和发展农业生产；扶植工商业的发展，减轻商税。这样经济发展了，人们的生活水平提高了，对消费品的需求也就增强了。二是国内外贸易活动加强。在明代中后期，国内商业往来兴盛，道路畅通，交换频繁，正如宋应星所说："滇南车马，纵贯辽阳；岭徽宦商，衡游蓟北。"（《天工开物·序》）景德镇的瓷器"自燕云而北，南交趾，东际海，西被蜀，无阶不至"（乾隆《浮梁县志·物产志》）。国外贸易也迅速发展，"宁波通日本，泉州通琉球，广州通占城、暹罗、西洋诸国"（《明史》卷七十五）。这些一方面刺激了手工业的发展，另一方面又促进了手工业技术的交流和发展。三是资本主义萌芽。明代中叶，在纺织业中，就有机户雇用机工从事纺织生产，"机户出资、机工出力，相依为命"（《明神宗实录》卷三六一）。与此相适应，在意识形态方面也发生了变化，在一般士大夫知识分子中，已对从前那种贱工商、薄工技的做法产生了强烈的反感。人们的价值观念逐步地在改变，不少知识分子追求的不是功名，而是某一专门技术的挖掘和整理。四是"崇实黜虚"思潮的形成。所谓"崇实黜虚"就是鄙弃理学末流的空谈心性，而在一切社会文化领域提倡"崇实"。其具体表现为批判精神、经世思想、科学精神、启蒙意识。思想敏锐和注重实际的学者，在这种实学思潮的影响下，把注意力放到了自然科学的探索上，不但提出了许多有价值的科学思想，而且也开创了重实践、重考察、重验证、重实测的风气，这就促进了科学技术的发展。

明后期，西方传教士来到中国，他们带来了大量的西方科技书籍，将大量的科学技术知识传授给中国人。从主观愿望来说，传教士是为传播"福音"而来，但客观效果却是给中国带来了自成体系且比中国传统科技先进的科学，揭开了中国近代科技发展的序幕。但由于中国传统文化中"夷夏"观念和"源流"思想的屏障作用，使传入的科技未能被广泛地接受，使得中国未能及时步入世界科技发展的共同轨道。

中国明代虽然出现过伟大的科学家和不朽的科技名著，但是这些与欧洲同时代的科学家如哥白尼、伽利略、开普勒、笛卡儿、哈维和牛顿等的科学成就相比是有很大差距的。中国当时的科技普及程度以及工业、手工业发展水平与一些科技先进国家相比也是有一段距离的，实事求是地说，中国科技这时已逐渐落后于西方科技。究其原因：一方面是没有来自社会生产迅速发展对科技提出的迫切要求，另一方面是中国传统科技的自身弱点和缺陷，再一方面是受中国传统政治、文化中的一些观念和政策法令的束缚。这些都严重地阻碍甚至扼杀了当时中国科技的发展。